Kreativ und glücklich durch die Schwangerschaft

Deine Bucket List mit 111 inspirierenden Ideen
für eine unvergessliche Kugelzeit
und eine starke Bindung
zu deinem Wunder im Bauch

Isabel Lange

ISBN: 978-3-9822623-3-8

Inhaltsverzeichnis

Vorwort

„Manchmal nehmen die kleinsten Dinge den größten Platz in unseren Herzen ein."

— Winnie Puh

Liebe Bald-Mami, herzlichen Glückwunsch zu deiner Schwangerschaft! In dir wächst etwas Einmaliges heran. Du trägst ein Wunder unter deinem Herzen – darauf kannst du unglaublich stolz sein. So einzigartig und wunderbar wie du, ist auch dein Baby, mit dem du nun sehr eng verbunden bist. Du wirst wahrscheinlich schöne, aber auch ab und an anstrengende Zeiten in deiner Schwangerschaft durchleben. Diese Bucket List soll dich dabei unterstützen, möglichst viele positive Momente und Erfahrungen während deiner Schwangerschaft zu sammeln. Das Buch möchte dich inspirieren und dir kreative Ideen an die Hand geben, auf die du allein vielleicht gar nicht gekommen wärst. Damit soll deine Schwangerschaft zu einer der besten Zeiten und Erlebnisse deines Lebens werden, an die du dich auch später noch gerne erinnern wirst.

Dieses Buch ist speziell für dich geschrieben. Sieh es als dein persönliches Geschenk. Ich habe es so geschrieben, dass du es gerne querbeet, kreuz und quer lesen kannst. Ganz nach Lust und Laune darfst du dir ein Kapitel aussuchen, welches dir in dem Moment zusagt. Ein kleiner Tipp: Suche dir gezielt die Punkte heraus, die dich persönlich ansprechen und zu dir passen. Bitte verfalle nicht in Stress oder in Gedanken, alles aus diesem Buch umsetzen zu müssen. Wähle lieber weniger als mehr Ideen, die du machen möchtest. So werden deine Erlebnisse besonders intensiv und einzigartig. Denn was zählt, ist, dass du dabei Spaß hast. Tu die Dinge bewusst mit all deinen Sinnen und aus vollem reinem Herz.

In einer Schwangerschaft wird es manchmal unbeantwortete Fragen geben. Ab und zu tauchen Sorgen, Ängste oder Zweifel auf. Es wird Momente geben, in denen du dich nicht ganz so wohl fühlen wirst. Das ist absolut normal und in Ordnung. Auch diese Gefühle gehören zur Schwangerschaft dazu. Wenn solche Emotionen auftauchen sollten, so ignoriere sie bitte nicht. Spreche mit deinem Partner oder einer Freundin darüber oder schreibe deine Gedanken auf. So kannst du dir deine Sorgen von der Seele schreiben. Betrachte dieses Buch als dein Buch, das dich in jeder Situation der Schwangerschaft unterstützt. Es soll dir die schönen Momente in dieser besonderen Zeit, in der du dich gerade befindest, aufzeigen und dabei helfen, dich mehr auf die positiven Seiten deiner Schwangerschaft zu konzentrieren.

Freu dich darauf, die unterschiedlichsten Erfahrungen zu sammeln. Du wirst begeistert sein. Sieh die Bucket List als einen bunten Blumenstrauß an. Suche dir deine Lieblingsblumen aus.

Lass uns gemeinsam diese Zeit der Schwangerschaft zu etwas Unvergesslichem machen! Lass uns die Bindung zu deinem kleinen Schatz schon jetzt intensivieren und stärken! Lass uns die Vorfreude auf dein Baby in vollen Zügen genießen!

Und sollte dir vor der Geburt mulmig sein, dann denke immer daran, es wartet ein wundervolles Geschenk auf dich – dein ganz persönliches kleines Wunder.

Viel Spaß und Freude wünsche ich dir mit diesem Buch!

Isabel Lange

KAPITEL 1

Die Zeit der Vorfreude – deine einzigartige Kugelzeit

Was dich in diesem Buch erwartet

„In jedem Anfang wohnt ein Zauber inne."

— Hermann Hesse

Dieses Buch hält verschiedene Überraschungen für dich und deinen kleinen Schatz bereit.

Im 1. Kapitel werden wir gemeinsam herausfinden, was eine Bucket List ist und welche positiven Auswirkungen diese auf deine Schwangerschaft haben kann. Wir werden auch den Zusammenhang zwischen der Bindung zu deinem Baby und der Bucket List erforschen.

Im 2. Kapitel werden wir uns mit allerhand Fragen beschäftigen, die dich glücklich und zufrieden machen sollen und wahrscheinlich zum Nachdenken anregen werden. Dabei wirst du dich selbst noch besser kennenlernen und jede Menge über dich, deinen Zustand während der Schwangerschaft und dein Baby erfahren. Auch deine Rolle als zukünftige Mutter durchleuchten wir gemeinsam. So kannst du gut vorbereitet in deinen neuen Lebensabschnitt starten und voller Freude und Hoffnung auf die nächsten Jahre blicken.

Denn:

„Kinder sind Hoffnungen."

— Novalis

Im 3. Kapitel schreitest du dann zur Tat. Dieses Kapitel bildet den Kern des Buches. Dieser Teil soll dich dazu inspirieren, Dinge zu tun und zu erleben, die dir in erster Linie guttun und du vielleicht noch nie in deinem Leben getan hast. Du erhältst jede Menge Anregungen und Ideen, die dich mal nachdenklich, mal lustig, mal neugierig, mal verrückt, mal ernst auf bestimmte Sachverhalte blicken lassen werden. Ich werde dir kreative Bastelanleitungen vorstellen, sportliche Ratschläge geben, Kochrezepte ans Herz legen, Meditationen anleiten, Entspannungstipps geben, die Gärtnerin in dir hervorrufen und vieles mehr. Insgesamt habe ich 111 Ideen für dich gesammelt. Sei gespannt! Deine nächsten Monate werden garantiert nicht langweilig, sondern unvergesslich!

Denn:

„Die besten Dinge im Leben kosten nichts: Lachen, Liebe, Umarmungen, Küsse, Familie und tolle Erinnerungen."

— Unbekannt

Im 4. Kapitel befassen wir uns dann mit der Erstellung deiner ganz persönlichen Bucket List. Hier kannst du individuell deine eigene Liste gestalten und natürlich auch umsetzen. Ich werde dir zeigen, wie du das am einfachsten angehst. Viel Spaß und Erfolg dabei!

Im 5. und damit letzten Kapitel geht es, wie in deiner Schwangerschaft auch, dem Ende zu. Wir reflektieren gemeinsam die Zeit mit deinem Baby im Bauch. Was war schön, auf was hättest du lieber verzichtet? Was würdest du in deiner nächsten Schwangerschaft genau so oder anders machen? Wie geht es dir im Hinblick auf die bevorstehende Geburt? Was ist in dieser letzten Phase deiner Schwangerschaft sinnvoll? Hier bekommst du spannende Tipps und Tricks mit an die Hand gegeben.

Du wirst wahrscheinlich auch merken:

„Jeder Monat hat maximal 31 Tage. Außer der letzte Schwangerschaftsmonat. Der hat 514 Tage."

— Unbekannt

Lass uns gemeinsam starten.

Was ist eine Bucket List?

Eine Bucket List ist eine Liste mit all den Dingen, die du in deinem Leben noch unbedingt machen möchtest. So etwas wie eine To-do-Liste, nur in positiv. In diesem Buch findest du eine Bucket List für deine Schwangerschaft mit 111 spannenden, inspirierenden, wunderschönen und kreativen Ideen, die du während deiner Schwangerschaft machen kannst, um deine Kugelzeit noch schöner und unvergesslicher zu gestalten. Sei offen, mache deine eigenen Erfahrungen, aber bleibe dir bitte immer treu.

Der Sinn einer Bucket List

„Die schönsten Erlebnisse von heute sind die unvergesslichen Erinnerungen von morgen."

— mydays

Warum macht eine Bucket List Sinn? Die Kurzantwort lautet: weil das unglaublich glücklich machen kann.

Mit den Ideen aus diesem Buch kannst du dich auf das Positive in deiner Schwangerschaft konzentrieren. Die Mama-Kind-Bindung kann jetzt schon durch die positiven Erfahrungen, die du mit deinem Baby erlebst, gestärkt werden.

Es ist wichtig, genügend Raum und Zeit für dich und dein heranwachsendes Baby zu nehmen. In der heutigen schnelllebigen und hektischen Zeit sind wir oft mit vielen Dingen beschäftigt. Unser Terminkalender ist rappelvoll. Wir sind mit äußerst wichtigen Aufgaben verplant. Entweder ist es der Beruf, der viel von unserer Lebenszeit in Anspruch nimmt. Oder wir verfallen dem "Freizeitstress", wie ich den Zustand gern nenne, wenn man eigentlich frei hat, doch ein Termin den nächsten jagt.

Kennst du das auch?

Du bist mit deiner besten Freundin zum Kaffee trinken verabredet, aber vorher möchtest du noch schnell in die Bücherei, da die Bücher und Hörspiele pünktlich abgegeben werden müssen. Dann ruft plötzlich deine Schwester an und erwartet ein offenes Ohr von dir. Als du losfahren willst, bemerkst du, dass dein Auto merkwürdige Geräusche von sich gibt. Wann war doch gleich die nächste Inspektion fällig? Jetzt aber erst mal schnell losfahren, dein Yoga-Kurs beginnt kurz nach dem Termin mit der Freundin. Und um 13 Uhr musst du pünktlich am Kindergarten sein, um deine älteste Tochter abzuholen. Zu alldem zeigt ein Blick in den Spiegel dir, dass du eigentlich mal wieder zum Friseur gehen solltest. Kommt dir das bekannt vor? Ein klarer Fall von purem Freizeitstress.

Den sozialen Medien sei Dank, sind wir außerdem ständig einem riesigen Fluss aus Informationen ausgesetzt. Fakt ist: Irgendwann ist die Schwangerschaft vorbei. Die Geburt ist da. Deswegen gilt es, jetzt in dem Moment diesen einzigartigen Zustand zu genießen.

Entspanne dich, geh runter vom Gas, sag einfach mal eine Verabredung ab, leg dich in die Badewanne, hör deine Lieblingsmusik und mach einfach mal das, was dir guttut. Das ist im normalen Leben schon wichtig. Ich behaupte, während einer Schwangerschaft ist es doppelt so wichtig. Nimm dir deine Auszeit. Gönne dir und deinem Baby Wohlfühlmomente nur für euch zwei.

Je entspannter du jetzt bist, desto gelassener wirst du als Mutter sein, denn:

„Was wir heute tun, bestimmt unser Morgen."

— Unbekannt

Bedenke, dass jede Schwangerschaft anders ist. Wenn es deine erste Schwangerschaft ist, können die nächsten, die eventuell noch folgen werden, vollkommen anders sein. Sie können sich komplett anders anfühlen, verlaufen oder andere Emotionen in dir hervorrufen als die jetzige Schwangerschaft. Jedes Baby ist anders, hat seine Besonderheiten. Genauso wie du sie als werdende Mutter auch hast. Deswegen:

Genieße die Zeit, koste jeden Augenblick aus und mache immer das Beste aus deiner Schwangerschaft!

7 positive Auswirkungen einer Bucket List auf deine Schwangerschaft

Nr. 1

Du konzentrierst dich bewusster auf die Schwangerschaft und kannst die Zeit intensiver wahrnehmen und genießen.

Nr. 2

Mit den Erlebnissen kannst du bereits in der Schwangerschaft deine Bindung zum Baby stärken.

Nr. 3

Mit den Ideen aus der Bucket List kannst du neue Erfahrungen sammeln. Diese können all deine Lebensbereiche positiv beeinflussen. Vielleicht findest du ein neues Talent in dir oder ein neues Hobby?

Nr. 4

Die Bucket List hilft dir dabei, im Hier und Jetzt zu leben und erzeugt damit Zufriedenheit und Freude, aber auch Entspannung und Ausgeglichenheit.

Nr. 5

Du wirst Dinge ausprobieren, die dich begeistern und glücklich machen.

Nr. 6

Deine Schwangerschaft wird unvergesslich und du wirst nicht das Gefühl haben, sie sei schnell verflogen, ohne dass du sie bewusst genießen konntest.

Nr. 7

Du nimmst dir durch das Buch und die Bucket List Zeit für dich und dein Baby im Bauch. Vor allem, wenn du schon Kinder hast, ist das sehr wichtig. Diese Zeit gehört nur dir und deinem Baby. Sie kann dir keiner nehmen.

Die Bindung zu deinem Baby in der Schwangerschaft stärken

Du, liebe werdende Mama, bist für dein ungeborenes Baby das Zentrum des Universums. Man könnte sagen, dass du seinen Heimatplaneten darstellst. Eure gemeinsame, einzigartige Geschichte beginnt jetzt. Ist das nicht magisch?

Die pränatale Bindung ist gewissermaßen ein unsichtbares, emotionales Band, das dein Kind und dich für immer verbindet. Damit dieses Band wachsen und gedeihen kann, braucht es das, was andere Beziehungen auch brauchen: Liebe, Raum und Zeit. Schon jetzt während deiner Schwangerschaft legst du den Grundstein für eine stabile Mutter-Kind-Bindung.

Es gibt zwei Formen von Bindungen zu deinem Kind im Bauch.[1] Hier möchte ich dir den sensorischen und den hormonellen Bindungspfad vorstellen:

Die Plazenta dient als physiologische Kommunikationszentrale im ersten Drittel deiner

Schwangerschaft. Sie ermöglicht einen ständigen Austausch zwischen dir und deinem Kind. Durch die Nabelschnur erhält es nicht nur Nahrung, sondern auch viele verschiedene Informationen über deine Gefühlswelt. Die Vermittlerrolle übernehmen dabei Botenstoffe und Hormone. Alles, was du empfindest, fühlt auch dein Baby. Das nennt man den hormonellen Bindungspfad. Der sensorische Bindungspfad hingegen beschreibt die Kontaktaufnahme des Babys zu dir durch seine Sinnesorgane. So hört das Ungeborene deine Stimme, nimmt Bewegungen von dir wahr, schmeckt, was du gegessen hast und nimmt deinen Herzschlag wahr. Erst in den vergangenen Jahren hat man begonnen, die Tragweite der pränatalen Bindung zu verstehen. Aktuell liefert die Bindungsforschung laufend neue Erkenntnisse zur Bedeutung der frühen Bindungserfahrungen.

Du siehst also, welchen Stellenwert eine starke Bindung zum Kind schon jetzt während der Schwangerschaft einnimmt. Mithilfe der Bucket List und den daraus resultierenden Erlebnissen und Erfahrungen kannst du die Mutter-Kind-Bindung stärken.

Eine innige, stabile Mutter-Baby-Bindung stärkt nicht nur das Selbstvertrauen deines Kindes.[2] Sie wirkt sich zudem positiv auf die Entwicklung kognitiver, sozialer und emotionaler Kompetenzen aus. Auch für das spätere Gestalten vertrauensvoller Freundschafts- und Paarbeziehungen im Erwachsenenalter ist eine starke Mutter-Kind-Bindung essenziell.

Außerdem ist man sich heute sicher, dass eine sichere Mutter-Kind-Bindung einen großen Beitrag zur Resilienz – der psychischen Widerstandskraft – leistet.[3]

Freue dich darauf, mit Hilfe dieses Buches das Fundament für eine stabile Bindung zwischen deinem Baby im Bauch und dir zu legen.

Für wen ist dieses Buch geeignet?

Dieses Buch ist für jede Schwangere auf dieser Welt. Egal, ob du in Australien dein Kind zur Welt bringst, in Brasilien oder in Europa. Egal ob du dich in einer festen Partnerschaft befindest oder nicht, ob diese homosexuelle oder heterosexuelle Natur ist, das Buch ist für jede von euch. Denn eins habt ihr alle gemeinsam: Ihr tragt das Wunder, das man Leben nennt, in euch. Das ist wundervoll!

Egal, ob du zum ersten Mal Mutter wirst, oder ob du schon fünf Kinder hast, das Buch kannst du in jeder Schwangerschaft für dich und dein Baby nutzen. Egal, ob dein Kind sich auf natürliche Weise auf den Weg zu dir gemacht hat oder durch eine künstliche Befruchtung entstanden ist, das Buch ist für dich und dein Baby da. Egal ob, du alleinerziehend bist oder ob du viele helfende Hände haben wirst, das Buch unterstützt dich in jeder Situation deiner Schwangerschaft. Egal, ob du ein Kind in dir trägst oder mehrere, das Buch hilft dir, das Leben im Hier und Jetzt zu feiern.

Leben im Hier und Jetzt? Du fragst dich, warum das wichtig ist? Hast du schon einmal etwas von der Achtsamkeitsübung "Leben im Hier und Jetzt"[4] gehört? Nein? Achtsamkeitsübungen sind ähnlich wie Meditationen. Beispielsweise kann durch bewusstes Atmen, das im-Hier-und-Jetzt Sein geübt werden. Wenn wir oft mit unseren Gedanken in der Vergangenheit oder der Zukunft sind, können wir uns nicht entspannen. Dabei sind Entspannung, Loslassen und eine gewisse Ausgeglichenheit immens wichtig in deiner Schwangerschaft. Je mehr du im Moment lebst, Augenblicke bewusst wahrnimmst und dir klar ist, dass du genau jetzt lebst, desto mehr wirst du deinen Körper und deinen Geist entspannen können. Den Blick auf das Wesentliche lenken, hilft dir, dich von Grübeleien zu befreien. Aber dazu später mehr.

Die 1. Schwangerschaft

„Geboren wird nicht nur das Kind durch die Mutter, sondern auch die Mutter durch das Kind."

– Gertrud von Le Fort

Wenn es sich um deine erste Schwangerschaft handelt, so wird in dieser besonderen Zeit vieles für dich absolutes Neuland sein. Du wirst aufgeregt und gespannt sein. Dein Körper verändert sich, deine Gedanken verändern sich.

Jeder Schritt ist neu und einzigartig. Genieße diese aufregende Zeit mit diesem Buch und der Bucket List!

Sehr viele neue Sachen prallen auf dich als werdende Mutter ein. Wahrscheinlich wirst du tausende Tipps von anderen zu hören bekommen. Doch du musst nicht jeden Ratschlag annehmen, auch wenn er noch so gut gemeint ist. Versuche, dich nicht verunsichern zu lassen. Hör auf dein Gefühl. Was für andere richtig sein mag, muss nicht unbedingt für dich passend sein. Setz dich bitte auf keinen Fall unter Druck! Meist liest man in der ersten Schwangerschaft viel zu viel im Internet und Klatschzeitschriften bezüglich Schwangerschaft und Geburt. Das kann ein Kettenkarussell im Kopf auslösen: Wann muss was besorgt werden? Ist die Ernährung optimal? Hast du genug Vorsorgeuntersuchungen gemacht? Du willst doch schließlich alles richtig machen und eine gute Mutter sein. Nur ruhig Blut. Dein Kind wird es dir nicht übelnehmen, wenn du doch mal einer Heißhungerattacke nachgibst und eine ganze Tafel Schokolade auf einmal verputzt. Es wird nicht gefährdend für deine Schwangerschaft sein, wenn du mal einen Ultraschalltermin weniger machst. Lässt du mal die Schwangerschaftsgymnastik sausen, so ist das kein Beinbruch. Sollte das Kinderzimmer nicht perfekt eingerichtet sein, wird es dem Baby egal sein. Alles was du brauchst, um eine gute Mutter zu sein, bringst du von Natur aus mit. Liebe, Fürsorge, Geborgenheit und Gelassenheit sind 1.000-mal wichtiger für das Kind als ein ideal vorbereitetes Kinderzimmer.

Wenn es nicht mehr die erste Schwangerschaft ist

Doch auch, wenn es deine zweite oder dritte Schwangerschaft sein sollte, kann dir gerade jetzt das Buch eine wichtige Hilfe sein, dich auf dich und dein Kind in deinem Bauch zu besinnen. Klar, du bist schon erfahren. Wahrscheinlich hast du das Gefühl, die Schwangerschaft läuft so nebenbei, oder? Natürlich hörst du nicht mehr verwundert auf, wenn dein Baby die ersten Tritte gegen deine Bauchdecke macht. Selbstverständlich bist du nicht mehr fassungslos, wenn du den ersten Schluckauf deines Babys bemerkst. Das musst du auch gar nicht sein. Aber besonders, wenn schon ein oder mehrere Zwerge um dich herumwuseln, ist eine Auszeit extrem wichtig für dich und deinen nächsten Nachwuchs. Nimm dir bewusst Zeit, die nur für dich und dein Baby im Bauch da ist. Schließlich ist auch dieses Kind ein wahres Wunder der Natur. Es wird deine volle Aufmerksamkeit, Zuwendung und Liebe spüren. Heiße es mit diesem Buch willkommen in deiner Welt! Lasse es spüren, wie wichtig und besonders es für dich und dein Leben ist! Ganz nach dem Motto: *Dein Herzschlag ist mein wertvollster Besitz!*

Mehrlingsschwangerschaft

„Manchmal ist das große Glück ganz klein, und manchmal kommt es nicht allein."

– Unbekannt

Weltweit ist jede 40. Geburt eine Zwillingsgeburt, in Europa fast jede 70. Geburt.[5] Von allen Zwillingen sind ungefähr 70% zweieiig und 30% eineiig. Die Wahrscheinlichkeit, mit Zwillingen schwanger zu werden, steigt mit zunehmendem Alter der Frau an, da das follikelstimulierende Hormon (kurz: FSH) bei älteren Frauen bewirkt, dass meist zwei oder mehr Eizellen gleichzeitig heranreifen. Dieser Höhepunkt ist im Schnitt mit 38 Jahren erreicht. Wenn es in der Familie bereits zweieiige Zwillinge gibt, steigt die Wahrscheinlichkeit noch mal an. Eineiige Zwillinge sind jedoch reiner Zufall.

Wenn du mit Mehrlingen schwanger bist, wirst du höchstwahrscheinlich in der fortgeschrittenen Schwangerschaft deutlich mehr Gewicht mit dir herumtragen als eine Frau mit nur einem Baby im Bauch. Du wirst dich vielleicht öfters müde und kraftlos fühlen. Gönne dir unbedingt Ruhepausen. Leg die Beine hoch. Versuche, die kleinen Dinge im Leben zu genießen. Bitte deinen Partner oder Freunde um Hilfe im Haushalt, bei Besorgungen und Einkäufen. Fällt es dir schwer, um Hilfe zu bitten oder sie anzunehmen, so solltest du es unbedingt lernen. Wenn die Kinder erst mal da sind, wirst du als Zwillings- oder

Mehrlingsmama viel Kraft brauchen. Deswegen ist es jetzt umso wichtiger, Energie zu tanken und zu speichern.

KAPITEL 2

So viel Liebe, so viele Emotionen, so ein Gefühlschaos – manchmal erkenne ich mich selbst nicht mehr

Hilfe, ich bin eine Hormonschleuder!

„Sei wer du bist und sag, was du fühlst. Denn die, die das stört, zählen nicht und die, die zählen, stört es nicht."

— Theodor Seuss Geisel

Bei der einen sind sie stärker ausgeprägt, bei der anderen schwächer. Doch fast jede schwangere Frau kennt sie. Die Rede ist von Gefühlsausbrüchen und emotionalen Schwankungen, die in dieser besonderen Zeit, in der du dich momentan befindest, entstehen können. Es gibt sogar Veränderungen, die auch nach der Schwangerschaft bestehen bleiben können. Andere Gefühle verschwinden nach der Entbindung oder wenn dein Kind schon etwas älter ist.

Beispielsweise entwickelte sich in meiner ersten Schwangerschaft eine sehr stark ausgeprägte Höhenangst, die bis heute geblieben ist. Plötzlich konnte ich nicht mehr von hohen Gebäuden oder Bergen runterschauen, ohne dass mich ein Schwindelgefühl überkam. Dabei hatte ich solcherlei Probleme noch nie vorher gehabt. Auch Achterbahn- oder

Karussellfahrten sind mir seit dieser Schwangerschaft ein Graus. Dabei war ich vorher der reinste Adrenalin-Junkie, der nie genug von wilden Fahrten im Vergnügungspark bekommen konnte. Noch nicht mal Seilbahnfahren ohne Panikanfälle kann ich. Die Angst, abzustürzen, überwältigt mich maßlos. Ein befreundeter Psychologe erklärte mir, dass diese neuen Ängste bei mir vollkommen natürlich seien und ihren Sinn erfüllen würden. Schließlich sorgt die Natur dafür, dass die Mutter den Kindern lange erhalten bleibt. Ein plötzlicher Tod durch einen Absturz würde das Überleben der Kinder gefährden. Ich weiß nicht, ob diese Höhenangst irgendwann wieder verschwindet oder ob sie für den Rest meines Lebens bleibt. Doch ich nehme sie gern in Kauf. Dafür bin ich nun Mutter von wunderbaren Kindern.

Andere Emotionen überrollten mich nur während der Schwangerschaft. Ich war sehr rührselig und hatte mit regelrechten Heulattacken zu kämpfen, wenn ich einen romantischen Film ansah oder eine besonders traurige Szene im Buch las. Ich hörte Lieder, deren Texte Weinkrämpfe in mir auslösten. Die Tränen strömten nur so aus mir heraus. Im Nachhinein könnte ich mich darüber kaputtlachen. Aber während der Schwangerschaft waren es ganz intensive und prägende Gefühle.

Was für Veränderungen beobachtest du an dir?

Bist du plötzlich nah am Wasser gebaut?

Überkommt dich plötzlich große Freude, Wut oder Trauer?

Oder hast du gar keine gesteigerte Emotionalität? Auch das ist möglich.

Ich habe Berichte von Frauen gehört, die es während ihrer Schwangerschaft mit plötzlichen Wutausbrüchen zu tun hatten. Andere erzählten mir von einem unkontrollierten und leidenschaftlichen Verlangen nach Sex mit ihrem Partner. Daran sieht man mal wieder, wie unterschiedlich wir Frauen alle sind. Jede werdende Mutter hat unterschiedliche Bedürfnisse.

Einige Frauen entwickeln in der Schwangerschaft Schlafstörungen, Antriebsminderung und negative Veränderungen der Stimmungslage. Das ist jedoch meist nicht von Dauer.

Wichtig ist die Frage:

Wie kannst du mit dieser Bandbreite an Gefühlen und Stimmungen umgehen?

Obwohl deine Schwangerschaft einen wunderbaren Teil deines Lebens darstellt, können die Gefühle, die damit verbunden sind, überwältigend sein. Dazu kommen die hormonellen Veränderungen in deinem Körper, die oftmals die sowieso schon vorhandenen Gefühle verstärken.

Was du tun kannst, um belastende Emotionen zu mildern:

- Sammle Informationen (nur bitte nicht zu viele und nicht unbedingt nur im Internet) über das Thema Schwangerschaft oder das, was dich momentan belastet. Lese gute Ratgeber. Tausche dich mit anderen (werdenden) Eltern aus. Wenn du weißt, was auf dich zukommt, nimmt dir das deine Unsicherheiten und der Stress wird gemindert.
- Teile deine Gedanken mit Freunden, deiner Familie, deinem Partner nach dem Motto: Sich etwas von der

Seele sprechen. Mit der bloßen Aussprache kann es dir schon besser gehen.

- Achte auf physische Gesundheit: Esse ausgewogen und bewege dich an der frischen Luft. Gönne dir wohlverdiente Ruhepausen.
- Arbeite bitte nicht zu viel. Vielleicht hast auch du manchmal den Anschein, dass die Arbeit niemals weniger wird. Das wichtigste ist aber im Moment, dass es dir und deinem Baby gut geht. Alles andere ist Nebensache.
- Tu Dinge, die dir Freude bereiten! Oder auch: Beginne, die Ideen aus der Bucket List in die Tat umzusetzen.

Warum weinen werdende Mütter oft?

Wenn man sich die Zusammensetzung der Tränen ansieht, ergibt häufiges Weinen in der Schwangerschaft durchaus Sinn.[6] Körpereigene Stoffe, die sich im Körper bei Stress ansammeln, werden durch das Weinen ausgeschieden. Forscher fanden heraus, dass Tränen aus Leuzin-Enkophalinen, Lysozymen und Prolactin bestehen. Leuzin-Enkophaline hemmen Schmerzen, Lysozyme bekämpfen Infektionen und Prolaktin ist das bekannte Muttermilchbildungshormon. Der Heuleffekt dient unbewusst der Entspannung, dem Stressabbau und der Schmerzlinderung der Schwangeren. Die Natur scheint ein Ventil in uns eingebaut zu haben, damit wir nicht zu sehr in die Stress-Spirale rutschen. Ist doch eigentlich genial und faszinierend, oder?

Außerdem signalisiert die Frau mit dem hemmungslosen Weinen Verletzlichkeit und Hilfsbedürftigkeit. Das stärkt zwischenmenschliche Beziehungen und Bindungen, die die werdende Mutter dringend braucht. Das Ausschütten von vielen Tränen soll also Trost und Zuwendung garantieren.

Mit Ende der Stillzeit haben sich die Hormone meist wieder umgestellt und das Weinen nimmt ab.

Gelüste und Heißhungerattacken: Einmal Essiggurke mit Schokolade, bitte!

In deiner Schwangerschaft sorgen die unterschiedlichsten Hormone dafür, dass sich der gesamte Stoffwechsel ändert. Der Körper möchte Reserven anlegen und wertvolle Nährstoffe zum Baby leiten. Schwangere haben meist mehr Appetit als normalerweise.

Doch was tun, wenn einen immer wieder Heißhungerattacken überfallen?

Wenn du beispielsweise nur Lust auf Süßigkeiten hast, solltest du dem Appetit nicht ständig nachgeben. Ungebremst zu schlemmen kann leider sehr ungesund werden, wenn es zu oft geschieht.

Gegen gewisse Schwangerschaftsgelüste hilft es, sich die Mahlzeiten in kleine Portionen über den Tag verteilt einzuteilen. Lieber mal zwischendurch einen Joghurt, einen Apfel oder eine Banane essen. So kann das schnelle Sinken des Blutzuckerspiegels vermieden werden. Greife öfter mal zu Studentenfutter, ungesüßtem Popcorn oder zu Obst anstatt zu Schokolade, Gummibärchen und Kartoffelchips. Wenn du Lust auf süße Getränke hast, vermeide Cola oder Limonaden. Genieße lieber Früchtetee.

Ich weiß, dass es hart sein kann, dagegen anzukämpfen. Du brauchst dich auch nicht ständig nur gesund zu ernähren. Aber ein wenig darauf achten, solltest du schon.

Wissenschaftler sind sich noch nicht einig, ob es sich bei diesen „Fressorgien" um einen Hormonüberschuss oder um einen Nährstoffmangel handelt. Auf jeden Fall ist es für Außenstehende lustig zu beobachten, welche Formen der plötzlich auftauchende Appetit von Schwangeren haben kann. Ich habe am Anfang meiner ersten Schwangerschaft liebend gern Schokocroissants mit gebratenem Fisch verputzt. Heute schüttelt es mich bei der bloßen Vorstellung daran.

Was sind deine Vorlieben?

Gibt es etwas, wofür du nachts zum Kühlschrank rennst?

Oder kannst du etwas Bestimmtes nicht mehr ausstehen?

Ich bin werdende Mama und kein Streichelzoo

Kennst du auch diese Fragen, ob dein Bauch angefasst werden darf? Vielleicht ist das für dich kein Problem. Aber wenn es dich nervt, darfst du das auch ruhig deinem streichelwütigen Umfeld mitteilen.

Auch Fragen oder gut gemeinte Ratschläge können, wenn es zu viele werden, nerven oder sogar zur Belastung werden. Du darfst knapp und freundlich sagen, dass du das momentan nicht hören möchtest. Das ist gesünder, als sich alles Mögliche anhören zu müssen und sich im Stillen heimlich darüber zu ärgern.

Baby loading – Auswirkungen auf eine Partnerschaft

Eine Schwangerschaft kann, muss aber nicht, die Partnerschaft verändern. Sie stellt eine Zeit des Umbruchs dar. Aus dem Paar wird eine Familie oder eine noch größere Familie. Wenn schon Kinder da sind, werdet ihr euch fragen, wie sie mit dem Neugeborenen zurechtkommen werden.

Werden sie eifersüchtig sein? Wird es eine anstrengende Phase werden? Ist es das erste Kind, werdet ihr euch fragen, wie ihr als Vater und Mutter sein werdet. Was machen diese neuen Rollen mit euch und eurer Partnerschaft? Wie wird es zu dritt sein?

Leider sind Männer häufig hilflos, wenn sich ihre Partnerin körperlich und emotional verändert. Sie können nicht oder nur sehr schwer nachvollziehen, warum die schwangere Frau sich auf einmal anders verhält als vorher.

Wenn aus Mann und Frau (oder Frau und Frau) eine Familie wird, wird Kompromissbereitschaft bei beiden werdenden Elternteilen großgeschrieben. Auf das Kind, aber auch auf den Partner sollte eingegangen werden. Mehr als vor der Schwangerschaft und der Geburt, muss nun immer mal wieder der eine oder andere zurückstecken und die eigenen Bedürfnisse hintenanstellen. Diese Umstellung ist gewöhnungsbedürftig und bedarf Zeit.

Auch das Sexleben kann sich manchmal in der Schwangerschaft verändern. Das Wichtigste ist, dass ihr darüber redet. Dein Partner oder deine Partnerin wird nicht immer nachvollziehen können, warum du gerade wie in welcher Situation reagierst. Gib auch ihm/ ihr Zeit, sich an die neue Situation zu gewöhnen.

Doch nicht nur die Frau, auch der Partner durchlebt während der Schwangerschaft seiner Partnerin Veränderungen. Wenn sich Nachwuchs ankündigt, können sich auch seine Gefühle und Verhaltensweisen ändern. Oft wird das nur am Rande wahrgenommen, da die meisten Männer nicht so wie wir Frauen über unsere Gefühlswelt sprechen. Häufig möchten Männer alles im Griff haben. Doch auch sie sind manchmal von Zweifeln und Ängsten geplagt, was die Zukunft mit einem Baby betrifft. Schließlich wird auch von den Männern heutzutage viel erwartet. Die Zeiten, in denen die Frau zu Hause blieb, um sich einzig und allein dem Haushalt und den Kindern zu widmen, sind längst überholt. Die Gesellschaft erwartet, dass sich der Mann liebevoll in die Kindererziehung mit einbringt und auch mal den Kochlöffel schwingt. Auch Vaterschaftsurlaube sind keine Seltenheit mehr und man sieht immer öfter einen Mann mit Kinderwagen oder Tragetuch durch den Stadtpark laufen. Die Vaterrolle befindet sich zumindest in Deutschland stark im Wandel. Von ihm wird erwartet, dass er Ernährer, Spielpartner und Erzieher ist. Viele werdende Väter möchten sich bei der Betreuung und Erziehung der Kinder voll und ganz und selbstverständlich einbringen. Sieht der Partner den wachsenden Bauch seiner Partnerin, wird ihm der Zustand der Schwangerschaft immer mehr bewusst. Positive Gedanken und Vorfreude steigen, aber mit ihnen auch Zweifel und Erwartungen der neuen Rolle als Vater gerecht zu werden. Diese Gedanken im Hinterkopf zu behalten kann werdenden Müttern dabei weiterhelfen, auch mit ihrem Partner einfühlsam umzugehen und zu einer harmonischen Beziehung während und nach der Schwangerschaft beitragen.

Die 3 magischen Phasen der Schwangerschaft

„Das größte Glück kann manchmal so klein sein."

— Unbekannt

Die Schwangerschaft stellt eine besondere Zeit in unserem Leben als Frau dar. Die Welt steht kopf. Unsere Schwangerschaft ist unser Thema Nummer 1. Für dich als werdende Mama geht wahrscheinlich ein Traum in Erfüllung. 9, beziehungsweise eigentlich 10, faszinierende und außergewöhnliche Monate darfst du nun erleben. Doch was passiert da eigentlich genau in deinem Bauch? Welche Abschnitte wirst du in dieser aufregenden Zeit durchleben? Vom Eisprung bis zur Geburt geschehen viele Dinge in unserem weiblichen Körper. Es ist eine spannende Zeit voller Vorfreude!

1. Phase (1. bis 12. Schwangerschaftswoche): Die Zeit der Veränderungen[7]

Diese ersten 12 Wochen sind, medizinisch gesehen, die kritischsten in der gesamten Schwangerschaft. In diesem Trimester sind Übelkeit und Unwohlsein meistens am größten. Die werdende Mutter muss sich erst auf den Hormonspiegel einstellen. Von außen ist noch nichts sichtbar. Aber du spürst die Veränderungen. Dein Körper arbeitet auf Hochtouren. Dein Organismus bereitet sich auf die nachfolgenden Monate vor. Stimmungsschwankungen treten nun häufiger auf. Es muss sich alles erst mal einpendeln. Lass dir, deinem Körper und deiner Psyche Zeit, diese Veränderungen zu verarbeiten.

2. Phase (13. bis 24. Schwangerschaftswoche): Das Wunder kommt auch im Kopf an

Um die 20. Schwangerschaftswoche herum wirst du wahrscheinlich die ersten Kindesbewegungen wahrnehmen können. Viele Frauen fühlen sich zwischen der 17. und 23. Schwangerschaftswoche am wohlsten. Die Übelkeit hat abgenommen. Du realisierst das Wunder jetzt erst richtig: Du bist tatsächlich schwanger! Was für ein absoluter Wahnsinn! Ein Wunder! Wow! Einige Schwangere haben in dieser Phase nachts Wadenkrämpfe, was sehr unangenehm sein kann. Die Einnahme von Magnesium kann dieses Leid lindern. Sprich aber unbedingt mit deinem Frauenarzt oder deiner Hebamme darüber. Sie sind die Experten und können dir am besten weiterhelfen. Dein Baby ist nun schon aktiver. Es greift nach der Nabelschnur und dreht sich um sich selbst.

3. Phase (25. bis 40. Schwangerschaftswoche): Das lange Warten

Die Bewegungsfreiheit ist nun deutlich eingeschränkt. Du spürst dein Baby immer mehr. Deutliche Tritte werden im Bauch vernommen. Vieles ist nun beschwerlicher als am Anfang der Schwangerschaft und die Hormone fahren mit dir Schlitten. Wahrscheinlich wirst du auch ständig auf der Suche nach einer Toilette sein. Schlafen ist jetzt auch nicht mehr so bequem, weil ständig der Bauch im Weg ist. In diesem letzten Schwangerschaftsdrittel leiden viele Frauen an unangenehmen Verdauungsbeschwerden. Verstopfungen sind keine Seltenheit.

Spätestens jetzt setzt der Nestbautrieb ein: Bei diesem Phänomen möchtest du dein zu Hause unbedingt schön herrichten. Manche Frauen entwickeln kurz vor der Geburt einen regelrechten Putzwahn. Sie sortieren und räumen auf, damit das Neugeborene ein wunderbares Heim hat. Auch wenn dich der Nestbautrieb packt, achte auf dich und dein Baby. Hebe nicht zu schwer, steige lieber nicht auf die hohe Leiter, verwende keine chemischen Putzmittel, überlasse das Renovieren und Streichen lieber anderen und vermeide Tierkot.

Was du in dieser Phase hervorragend tun kannst, ist das Gestalten von Geburtskarten. Nach der Geburt bleibt dafür nicht mehr viel Zeit. Nutze die dir verbleibende Zeit, um dich zu entspannen. Lege dich, wenn du magst, mit deinem Lieblingsbuch in die Badewanne. Wenn es deine erste Schwangerschaft ist, gehe mit deinem Partner noch mal schick essen oder aus. Genießt die letzten Tage der Zweisamkeit und freut euch auf den bevorstehenden Familienzuwachs.

Viele Gedanken und emotionale Gesundheit

„Man kann einem Gefühl nicht befehlen, stärker zu werden oder zu verschwinden, so wie man dem Verstand befehlen kann, zu sprechen oder still zu sein."

— David Servan-Schreiber

Durch die Kraft deiner Gedanken kannst du deine Schwangerschaft und die Gesundheit deines Babys positiv beeinflussen.[8] Ängste, Sorgen und so manche Fragezeichen im Kopf während der Schwangerschaft sind ganz normal. Wichtig ist es hiermit einen gesunden Umgang zu bekommen. Dabei kann Mentaltraining helfen. Mentaltraining kann von jedem erlernt werden, da unser Gehirn ständig neu dazulernt, wenn man ihm Futter gibt. Veränderungen sind bis ins hohe Alter noch möglich und durchaus sinnvoll.

Vor allem Erstgebärende wissen nicht, was auf sie zukommt. Dies kann zu Anspannung führen. Frauen, die unter der Geburt Unangenehmes erlebt haben, haben vielleicht Angst, dass die nächste Geburt genauso abläuft. Mithilfe positiver Gedanken kannst du Ängste beseitigen oder zumindest mindern. Gedanken sind eine enorme Triebfeder, die wir viel öfter nutzen sollten. Laut wissenschaftlichen Erkenntnissen gehen uns ungefähr bis zu 60.000 Gedanken täglich durch den Kopf.[9] Davon sind etwa 75% belanglos, 23% hinderlich und nur 2% sind für unser Wohlbefinden förderlich.

Reflexion kann eine sehr nützliche Methode für dich sein, um dir über dein Leben klarer zu werden. Entscheidungen der Vergangenheit werden gedanklich durchgegangen und abschließend bewertet. Gegebenenfalls kannst du dein weiteres Leben positiv verändern. Die mentale Gesundheit erhält in unserer Gesellschaft zunehmend mehr an Beachtung. Längst ist von einer sogenannten Work-Life-Balance die Rede. Ausgeglichenheit ist hier das Zauberwort. Diese erreichst du unter anderem durch gesunde Ernährung, Bewegung an der frischen Luft, Meditation, dem Wechsel zwischen Spannung und Entspannung und bewusstem Nachdenken.

Selbstreflexion ist die Fähigkeit, über seine Stärken und Schwächen nachzudenken.[10] Momentane Gedanken und Gefühle sollen bewusst an die Oberfläche geholt werden. Fragestellungen können beispielsweise sein:

Welche Gefühle habe ich zu anderen Menschen?
Wer ist mir besonders ans Herz gewachsen?
Über wen habe ich mich in der Vergangenheit geärgert?
Was hat mir in meinem Beruf bisher am meisten Freude bereitet?
Welche Situation beim Arbeiten hat mich belastet?

Reflexion ist ein entscheidender Beitrag zur Erreichung von Zielen. Durch das Nachdenken fallen dir Mängel ins Auge, die du gerne beheben darfst. In dir entsteht die Motivation, etwas zu tun. Aktives Handeln sollte also das Ergebnis deiner Reflexion sein, damit sie eine Wirkung erzielt. Resultate der Reflexion können aktive Schritte nach sich ziehen. Eventuell kann es vorkommen, dass man sich von bestimmten Personen aus seinem Freundeskreis verabschiedet, weil man merkt, dass sie einem nicht guttun. Bei anderen Menschen erkennt man vielleicht, dass man einen Kontakt wiederaufnehmen oder intensivieren möchte. Oder du entscheidest dich, dich bei einer anderen Firma zu bewerben, weil du bemerkst, dass es nicht das Richtige für dich ist. Lernst du Schritt für Schritt zu reflektieren, kannst du dich menschlich weiterentwickeln und in der Lage sein, kluge Entscheidungen hinsichtlich deiner Zukunft zu treffen.

Diese Selbstreflexion kannst du nicht nur in Bezug auf zwischenmenschliche Beziehungen, deine berufliche Entwicklung oder sonstige wichtige Aspekte, die deinem Leben Sinn geben, anwenden. Du kannst und solltest diese Methode auch für deine jetzige Schwangerschaft nutzen. Das wird dir helfen, herauszufiltern, was du vielleicht ändern möchtest. Außerdem stellt Selbstreflexion eine hervorragende Methode dar, um dich optimal auf deine neue Rolle als Mutter vorzubereiten.

Anwendung der Selbstreflexion

Versuche, Ruhe zu finden. Erlaube dir, dich zu entspannen. Atme bewusst. Schalte äußere Lärmquellen ab.

Zeit zum Reflektieren kannst du gut in deinen Alltag einbauen. Ideale Möglichkeiten dazu bieten das Einschlafen am Abend im Bett, der Weg zur Arbeit oder das Duschen. In der Dusche bist du allein, die Wassertropfen wirken auf viele Menschen beruhigend. Nimm dir hier deine Wohlfühlmomente ganz für dich allein. Nutze die Zeit zum Nachdenken.

Für unsere emotionale Gesundheit nehmen Reflexion und Selbstwahrnehmung einen hohen Stellenwert ein. Sie dienen dem Verständnis unserer Emotionen und verschaffen uns die nötige Zeit, uns sich mit ihnen zu beschäftigen und intensiv auseinanderzusetzen. Eine Reihe von Fragen können dir dabei helfen, deine Gedanken bewusst zu steuern und anschließend entscheidende Resultate draus für dich und dein Leben zu ziehen.

Gemeinsam wollen wir nun deine Schwangerschaft und deine zukünftige Stellung als Mutter genau unter die Lupe nehmen. Das kann dein Wohlbefinden steigern und aktiv zu deiner mentalen Gesundheit beitragen. Diese Fragen sollen dich inspirieren und dir neue Denkanstöße geben. Bitte fühle dich nicht unter Druck gesetzt, indem du denkst, alle Fragen genau beantworten zu müssen. Wir möchten die magische Zeit der Schwangerschaft dafür nutzen, uns mehr mit uns und unserem kleinen Wunder im Bauch zu beschäftigen und unser Leben in eine noch positivere Richtung lenken.

Fragen, die dich zum Nachdenken bringen:

Was für ein Mensch bin ich?
Welche Werte sind mir wichtig?
Was für eine Mama möchte ich werden?
Was ist mein größter Traum? Was möchte ich im Leben noch unbedingt machen – gemeinsam mit meinem Kind/meinen Kindern?
Wer oder was inspiriert mich?
Was stärkt mich bzw. wo kann ich Kraft schöpfen?
Was entspannt mich?
Wobei oder in welcher Situation werde ich schnell wütend?
Wofür bin ich dankbar?
Was mag ich besonders an meiner Schwangerschaft? Was war bisher der schönste Moment in meiner Schwangerschaft?

Was ist meine größte Leidenschaft?
Welche Gewohnheiten würde ich gerne ändern?
Welche Wünsche habe ich im Leben?
Was möchte ich mit meiner Familie alles erleben?
Wie soll mein Alltag als Mama aussehen?
Aus welchen Fehlern habe ich gelernt?
Was macht mich glücklich?
Wie kann ich ein Vorbild für andere sein?
Was wollte ich schon immer einmal tun und habe es bis heute noch nicht gemacht?
Wofür nehme ich mir viel zu wenig Zeit?
Welche Werte haben mir meine Eltern vermittelt? Welchen Werten und Einstellungen stimme ich zu, welchen nicht?
Welche Werte möchte ich meinem Kind vermitteln?
Welche Eigenschaften sind mir bei Menschen besonders wichtig?
Wie stelle ich mir mein Leben als Mama vor?

Du wirst merken, dass dir die Antworten unterschiedlich leichtfallen werden. Wenn die Beantwortung einer bestimmten Frage extrem schwerfallen sollte, nimm dir für diese Thematik extra Zeit. Wahrscheinlich enthält die Frage Aspekte, die du noch bearbeiten möchtest. Damit dir dies gelingt, suche dir einen ruhigen Ort, an dem niemand dich stört. Schalte dein Handy auf lautlos. Wähle eine für dich bequeme Sitzposition oder lege dich hin. Schließe deine Augen und atme bewusst ein und aus. Dann beginne mit der Visualisierung. Nehmen wir als Beispiel die Frage: Wie stelle ich mir mein Leben als Mama vor? Besonders wenn du Erstgebärende bist, ist es normal, wenn du mit der Frage Schwierigkeiten haben solltest. Schließlich warst du noch nie Mutter. Versuche es trotzdem. Beobachte dabei deine Gefühle. Du kannst dir beispielsweise eine Szene vorstellen, wie dein Kind im Garten mit einem Ball spielt. Du rufst deine Lieblingsmenschen zum Essen. Dein Sohn oder deine Tochter rennt auf dich zu und fällt dir in die Arme. Wie fühlt es sich an? Wie fühlt es sich an, Liebe und Geborgenheit zu schenken? Was bekommst du von deinem Kind zurück?

Solltest du bei der ein oder anderen Frage negative Gefühle bekommen oder dir gar unwohl sein, dann akzeptiere das. Versuche, deine Gefühle nicht zu unterdrücken. Nimm es wahr und überlege dir, ob sich die Situation ändern lässt und was für Vorteile sich in dieser zunächst „negativen Auffassung" verbergen können. Versuche dich emotional davon zu distanzieren. Es kann auch hilfreich sein, diese Frage einfach bei Seite zu legen und dich auf eine andere zu fokussieren. Wir möchten ins Nachdenken kommen und durch die Visualisierung positive Gefühle aktivieren.

Weitere Methoden für mentales Training zur Unterstützung deines Wohlbefindens[11]

Zukunftsprogression

Bei dieser mentalen Technik versetzt du dich mehrere Jahre in die Zukunft. Aus dieser Zukunft schaust du zurück auf die vergangenen Jahre und siehst dir an, wie du trotz deiner damaligen Ängste oder Bedenken deine Ziele erreicht hast.

Visualisieren des Zielbildes mit allen fünf Sinnen

Angst ist eine starke Emotion. Das bedeutet: Das, was man erreichen möchte, muss einem extrem wichtiges und ein starkes emotionales Gegenstück bilden. Stell dir mit allen deinen Sinnen vor, wie hervorragend die Geburt verlaufen wird, wie beglückend die erste Zeit mit deinem kleinen Goldschatz für dich sein wird.

Überlege: Wann hattest du in der Vergangenheit einmal Angst und hast trotzdem deine Zweifel überwunden? Welche Hürden hast du schon im Leben gemeistert? Wie hat der Moment des Erfolgs sich damals angefühlt?

Führen eines Erfolgs- oder Dankbarkeits-Tagebuchs

Notiere an jedem Tag, was dir gut gelungen ist beziehungsweise, wofür du dankbar bist.

Glücksgefühle sind lernbar

„Wenn wir Freude am Leben haben, kommen die Glücksmomente von selber."

— Ernst Ferstl

Gute Gefühle während deiner Schwangerschaft tun dir und damit deinem Baby gut. Diese Gefühle kannst du lernen.[12] Ja, richtig gelesen. Verknüpfungen im Gehirn bestimmen, wie du empfindest. Auch wenn du vielleicht eher zu negativem Denken neigen solltest, ist es möglich, dein Gehirn sozusagen umzuprogrammieren und einen neuen Umgang mit deinen Gefühlen zu erlernen. Die Wissenschaft geht davon aus, dass gute Gefühle eine umso stärkere Wirkung erzielen, je mehr wir uns mit ihnen beschäftigen. Wenn du also schöne Momente in deinem Leben stark auskostest, prägst du dein Gehirn zum Positiven.

Lass uns beginnen, schöne Momente zu sammeln.

KAPITEL 3

111 inspirierende und kreative Ideen für deine Schwangerschaft

1. Idee: Waldbaden

„Die vielen Bäume und die wenigen Menschen – die machen den Wald so schön."

— Otto Weiß

Du brauchst dazu: einen Wald und dich selbst.

Hast du schon mal etwas vom Waldbaden gehört? Probiere es mal aus! Das wird dir guttun! Nein, du sollst jetzt nicht in deine Badewanne hüpfen und Blätter aus dem Wald ins Badewasser geben.

In Japan gilt das sogenannte Waldbaden als wahre Medizin.[13] Damit ist das ausgiebige Spazieren im Wald gemeint. Lange Zwischenstopps dürfen dabei gern eingelegt werden, um den wohltuenden Wald regelrecht in sich einzusaugen. Bei einem ausgedehnten Waldspaziergang kannst du hervorragend über deine Schwangerschaft reflektieren. Der Wald ist gut für deinen Körper und deine

Seele. Dein Baby bekommt mit, wie du dich wohlfühlst und wird davon profitieren.

Versuche dabei einmal die Farben des Laubs um dich herum bewusst wahrzunehmen. Nimm dir Zeit für dich und dein Baby. Das ist eure gemeinsame Zeit, die eure Bindung stärker werden lassen kann. Schließe deine Augen und höre auf das meditative Rauschen der Blätter. In der grünen Natur sei der Geist angenehm beschäftigt, meinen Psychologen.[14] Außerdem stellen die Bäume eine Art Wellnessoase dar, da eine gewisse Entschleunigung stattfindet, wenn wir im Wald umherwandeln. Nach wissenschaftlichen Erkenntnissen wird bei einem Waldspaziergang der Blutdruck gesenkt und das Immunsystem gestärkt. Das Stresshormon Kortisol wird weniger ausgeschüttet. Die Wechselwirkung zwischen Bäumen und Menschen ist bemerkenswert. Erwiesenermaßen dient schon eine Stunde im Wald deiner Gesundheit. Auch die Erholung nach einer Krankheit kann durch den Aufenthalt im Grünen beschleunigt werden und Schlafproblemen können durch diese Maßnahme vorgebeugt werden.

Also, worauf wartest du? Ab in den nächsten Wald!

2. Idee: Kosenamen für deinen Bauchbewohner finden

Du brauchst dazu:
Fantasie und gute Laune.

Suche dir einen passenden Kosenamen für den neuen Menschen, der in deinem Bauch wächst, aus. Das macht zusammen mit deinem Partner oder einer Freundin viel Spaß und dient der Bindung zu eurem Baby!

Klopfer, Blubberbärchen, Knuddelwuddel, Krümel, Würmchen, eurer Fantasie sind keine Grenzen gesetzt!

3. Idee: Bereite dir einen leckeren Schwangerschafts-Smoothie zu

Du brauchst dazu:
Leckere und gesunde Zutaten, einen Stabmixer oder anderen Mixer.

Wie wäre es mit einer Vitaminbombe, einem leckeren Smoothie?

Vitamine, aber auch Eisen- und Folsäure (Vitamin B) sind in der Schwangerschaft äußerst wichtig. Grünes Blattgemüse und Brennnesseln sind super Folsäure- und Eisenlieferanten.[15] Magnesium und Kalzium, die für die Knochenbildung des Fötus benötigt werden, sind ebenfalls im Blattgrün enthalten. Durch die zahlreichen Früchte, die einen hohen Vitamin-C-Gehalt aufweisen, können die Stoffe gut vom Körper aufgenommen werden. Somit stellen sie eine wertvolle Ergänzung zu den Nahrungsergänzungsmitteln, die Ärzte und Hebammen empfehlen, dar.

Hier stelle ich dir drei schmackhafte Rezepte[16] vor:

Mothers Little Helper

Zutaten:
1 Handvoll Spinat
1 Handvoll Feldsalat oder Kopfsalat
1 großer Apfel
1 Banane
1 Orange alternativ: 2-3 Mandarinen
1/2 Salatgurke

1/2 Zitrone
150 ml Wasser

Zubereitung: Das Obst und Gemüse gründlich waschen. Die Banane und Orange schälen, in Stücke schneiden und in den Mixbehälter geben. Den Apfel vierteln und mit Kernen dazugeben. Die Salatgurke in dicke Scheiben schneiden und in den Mixer geben. Anschließend die halbe Zitrone auspressen und den frischen Zitronensaft ebenfalls dazu füllen. Feldsalat und Spinat hinzufügen und mit Wasser auffüllen. Gut mixen und fertig ist die Köstlichkeit.

Mamagold

Zutaten:
4 Blätter Mangold (ohne Strunk)
300 g Mango (geschält, entkernt)
1 Banane geschält
1 Maracuja (nur das Fruchtfleisch)
150 ml Wasser

Zubereitung: Alle Zutaten waschen, schälen und klein schneiden. Banane und Mango in den Mixbehälter geben. Anschließend die restlichen Zutaten hinzufügen. Mit dem Mixer etwa eine Minute mixen, bis dein Smoothie eine cremige Konsistenz hat.

Lecker und gesund!

Power-Schwangerschafts-Smoothie

Zutaten:
2-3 Handvoll Brennnessel
2 EL geschälte Hanfsamen
1 große Banane

3 weiche Datteln
ca. 300 ml Kokoswasser oder Wasser

Zubereitung: Brennnesseln gut waschen und klein zupfen. Datteln entkernen. Alle Zutaten in den Mixer geben, zerkleinern und frisch genießen! Ah, so lecker und gesund! Da freuen sich die werdende Mama und ihr Baby!

4. Idee: Trage eine Zitrone in deiner Tasche

Du brauchst dazu:
Eine Hälfte einer wunderschönen gelben Zitrone

Besonders am Anfang deiner Schwangerschaft kann ich dir diesen kleinen Trick empfehlen. Eine Freundin hat ihn mir verraten. Wenn du sehr unter Übelkeit leidest, hole eine aufgeschnittene Zitrone aus deiner Tasche und schnuppere an ihr, wenn dich die Übelkeit mal wieder schlagartig überfällt. Du wirst merken, dass der Duft der Zitrusfrucht dich wieder einigermaßen ins Gleichgewicht holt.

Wenn du nicht unter Übelkeit leidest, gratuliere ich dir herzlich!

5. Idee: Schicke liebevolle Gedanken an dein Baby

„Der Mensch bringt täglich sein Haar in Ordnung, warum nicht auch seine Gedanken?"

— Indische Weisheit

Unterschätze nicht die Kraft der Gedanken. Schicke regelmäßig positive Gedanken an dein kleines Wunder im Bauch. Es wird deine Liebe spüren und eure Verbindung wird fester und intensiver.

6. Idee: Chinesischer Kalender – Mädchen oder Junge?

Was wird es werden? Junge oder Mädchen? Manchmal sind die Ultraschallbilder wenig aussagekräftig, weil das Geschlecht nicht zu sehen oder nur schwer erkennbar ist. Mithilfe des chinesischen Empfängniskalenders kannst du dir vielleicht Klarheit verschaffen. Er wurde im 13. Jahrhundert von einem chinesischen Wissenschaftler entwickelt und veröffentlicht.[17] Angeblich soll dieser Kalender, der eine Mischung aus Mond- und Sonnenkalender darstellt, eine hohe Trefferquote besitzen, was das Vorhersagen des Geschlechts eines Babys angeht. Wissenschaftlich belegt ist diese Methode jedoch nicht. Einen Versuch kann es trotzdem wert sein, falls du sehr ungeduldig bist. Anhand deines Alters und des Empfängnismonats soll sich das Geschlecht bestimmen lassen. Tabellen für den chinesischen Kalender findest du auf vielen Seiten online.

Hier habe ich für dich einige ausgesucht:

https://www.9monate.de/tool-services/chinesischer-empfaengniskalender/

https://www.familie.de/schwangerschaft/chinesischer-empfaengniskalender/

https://www.babyclub.de/magazin/schwangerschaft/chinesischer-empfaengniskalender.html

Viel Erfolg!

7. Idee: Schwangerschaftsmeditation – in der Ruhe liegt die Kraft

„Nichtstun ist die allerschwierigste Beschäftigung und zugleich diejenige, die am meisten Geist voraussetzt."

— Oscar Wilde

Du brauchst dafür:

einen Raum nur für dich allein, evtl. eine Decke oder ein gemütliches Kissen.

Meditieren wird seit Beginn des Buddhismus praktiziert.[18] Einige Forscher sind der Meinung, dass die mentale Entspannungsform sogar schon vor über 13.000 Jahren ihren Ursprung Anfang hatte. Sicher ist man sich da jedoch nicht. Ziel der Meditation ist es, deinen Geist zu beruhigen, alle Gedanken loszulassen und dich mit dir selbst zu verbinden.

Aus Erfahrung kann ich dir sagen, dass es eine Zeit lang dauert, bis du wirklich zur tiefen Entspannung gelangst. Du brauchst ein wenig Übung. Wenn du zum ersten Mal meditierst, wirst du vielleicht noch nicht ganz den Sinn darin erkennen. Ein spürbarer Effekt tritt nach regelmäßigem Praktizieren ein.

Wenn du an Meditation interessiert bist, probiere es einfach einmal aus. Sicherlich gibt es Menschen, denen diese Entspannungsmethode leichter fällt als anderen. Doch nach einigen Versuchen wirst du bestimmt eine deutliche Verbesserung deiner Fähigkeit zu Entspannen feststellen.

Meditation kann dir dabei helfen, eine Verbindung zu deinem Baby aufzubauen und die vielen Veränderungen, die nun auf dich einströmen, bewusst wahrzunehmen und zu verarbeiten. Die Entspannung und Zufriedenheit, die du durch das Meditieren erfahren kannst, spürt auch dein kleiner Bauchbewohner.

Hier eine Anleitung für eine einfache Schwangerschaftsmeditation:[19]

1. Finde ein Zeitfenster, indem du ungestört bist: Stelle dein Handy ab oder auf lautlos und sorge dafür, dass dich niemand stört. Wenn alle Familienmitglieder aus dem Haus sind oder vielleicht gerade ihren Mittagsschlaf machen, ist ein genialer Zeitpunkt für dein Meditationsprogramm.

2. Finde eine bequeme Sitz- oder Liegeposition. Nimm gerne eine Decke, wenn du das möchtest.

3. Komme bei dir an:
Schließe deine Augen und lege deine Hände auf deinen Oberschenkeln ab. Konzentriere dich auf deinen Atem. Sollten Gedanken aufkommen, bewerte diese nicht, sondern lasse sie vorbeiziehen wie Wolken am Himmel.

4. Atemübung:
Atme bewusst mit der Nase ein und mit dem Mund aus. Versuche dabei tief in deinen Bauch zu atmen. Wiederhole das ein paar Mal.

Mögliche alternative Atemübungen:

1. Atemübung: Du atmest entspannt ein und beobachtest dabei einfach, wie die Luft durch deine Nase einströmt. Beim Ausatmen spürst du, wie die Luft angenehm langsam deinen Körper durch deinen geöffneten Mund wieder verlässt. Wiederhole das ein paar Mal.

2. Atemübung: Atme langsam ein und aus. Fühle dabei in dich hinein und achte auf deinen Herzschlag. Kannst du deinen Herzschlag spüren? Wie stark oder schnell schlägt dein Herz?
3. Atemübung: Nun spürst du beim Atmen, wie sich deine Bauchdecke hebt und senkt. Konzentriere dich auf das Heben und Senken deiner Bauchdecke. Du kannst auch gerne beide hänge auf deinen Bauch legen. Schicke deinem Baby eine extra Portion Luft. Nimm die Verbindung zwischen dir und deinem Kind intensiv war. Ist es nicht wundervoll, Zeit nur für euch zu nehmen? Wiederhole auch diese Technik mehrmals.
4. Atemübung: Beim Einatmen spürst du in deinen gesamten Körper hinein. Beobachte, wie sich deine Arme, Beine, Schultern, Brust, Bauch und Kopf anfühlen. Beim Ausatmen sagst du dir selbst leise oder in Gedanken: Ich bin vollkommen hier im gegenwärtigen Moment anwesend.

Diese Atemmeditation kannst du mit etwas Übung auch zwischendurch anwenden. Wenn du im Warteraum bei deinem Frauenarzt bist oder du sonst wo Zeit überbrücken musst, kannst du dich mit dieser simplen Methode relativ schnell in einen erholsamen Entspannungszustand versetzen.

Eine weitere Methode, um dich schnell aus einer Stresssituation herauszuholen, ist das Sprechen von positiven Affirmationen. In Gedanken sage dir immer wieder diese zwei Sätze (Affirmationen):

Ich bin ruhig und gelassen.

Ich lasse nur Dinge an mich heran, die sich für mich sehr gut anfühlen.

Punkt 10 in diesem Buch befasst sich etwas intensiver mit positiven Affirmationen und ihrer praktischen Anwendung.

Grundregeln zum Meditieren:

- Beginne langsam und ohne Druck.
- Fokussiere dich auf deine Atemzüge.
- Mache es dir zur regelmäßigen Gewohnheit.
- Du kannst nichts falsch machen.
- Entwickle ein Bewusstsein für dich und dein heranwachsendes Kind.
- Sei liebevoll zu dir selbst und deinem Baby.
- Sei neugierig und offen dafür.
- Bewerte deine Gedanken nicht. Beobachte sie kurz und lasse diese dann vorbeiziehen, als seien es Wolken.

„Es gibt nichts auf der Welt, das nicht zu uns spricht. Jeder und alles offenbart ständig seine Natur, seinen Charakter, seine Geheimnisse. Je mehr wir unsere inneren Sinnesorgane öffnen, desto besser sind wir imstande, die Stimme von allem aufzunehmen."

— Hazrat Inayat Khan

Meditationen gibt es viele. Ruhe und Achtsamkeit ist wichtig für dich und dein Baby.

Besondere Meditationen für die Schwangerschaft sind extra darauf ausgelegt, die Bindung zwischen Mutter und Kind zu stärken. Warum das von großer Bedeutung ist, hast du ja schon am Anfang des Buches erfahren dürfen.

Auch im Internet findest du eine Vielzahl von geführten Schwangerschaftsmeditationen, die vor allem für „Meditationsneulinge" einfach durchzuführen sind.

Fange einfach mal mit dem Meditieren an. Schon bald wirst du bemerken, wie gut es sich anfühlt.

8. Idee: Fotografiere deinen positiven Schwangerschaftstest

Falls du das Buch zufällig in den Händen halten solltest, bevor der große Augenblick kommt, halte ihn unbedingt fest.

Der positive Schwangerschaftstest: Das ganze Wunder beginnt hier ab diesem Moment. Oft scheut man sich davor, solche Erinnerungen zu gestalten. Schließlich zögert man, bevor man sich zu sehr hineinsteigert. Doch andererseits kann ich dir verraten, dass gerade die Anfangsmomente einer Schwangerschaft viel zu schnell verblassen.

9. Idee: Entwerfe Meilensteinkarten

Wichtige Momente in deiner Schwangerschaft solltest du unbedingt festhalten. Je nachdem, was dich am meisten berührt, können das von Frau zu Frau ganz unterschiedliche Augenblicke sein. Vielleicht stellt das Hören des Herzschlags oder das Fertigstellen des Kinderzimmers einen wichtigen Meilenstein in deiner Schwangerschaft dar. Mit wunderschönen Karten, Holzplättchen oder kleinen Tafeln lassen sich unvergessliche Meilensteine kreieren, die du auch nach der Schwangerschaft immer wieder anschauen kannst.

10. Idee: Positive Affirmationen anhören oder selbst sprechen

„Achte auf deine Gedanken, denn sie werden deine Worte. Achte auf deine Worte, denn sie werden deine Taten. Achte auf deine Taten, denn sie werden deine Gewohnheit. Achte auf deine Gewohnheiten, denn sie werden dein Charakter. Achte auf deinen Charakter, denn er wird dein Schicksal."

— Chinesisches Sprichwort

Du brauchst dazu:
Ein wenig Zeit für dich allein und deine Stimme.

Wie schon bei Punkt 8 kurz angesprochen, gibt es sogenannte positive Affirmationen. Das sind Sätze, die dein Unterbewusstsein beeinflussen sollen und deine Schwangerschaft in eine positive Richtung lenken können.[20]

Diese Glaubenssätze kannst du wie ein Mantra immer und immer wieder aufsagen, damit sie sich dir einprägen. Du kannst sie selbst formulieren und aufsagen oder aufnehmen und anhören. Im Internet findest du zahlreiche Affirmationen, die du dir anhören kannst. Es gibt auch spezielle Affirmationen für die Schwangerschaft. Probiere es einfach mal aus.

Allerdings ist die Wirkung größer, wenn es deine eigene Stimme ist. Wenn du eigene Glaubenssätze formulierst, achte unbedingt darauf, dass sie stets positiv sind und keine Verneinungen enthalten. Sage lieber: "Ich bin ganz entspannt" anstatt "Ich stresse mich nicht".

Die Affirmationen kannst du auch hervorragend als Geburtsvorbereitung nutzen. Für mehr Wohlbefinden und deutlich weniger Stress solltest du mindestens 10-mal hintereinander den gleichen Glaubenssatz aufsagen beziehungsweise anhören.

Beispiele für positive Affirmationen für eine wunderschöne Schwangerschaft:

- Ich bin glücklich und dankbar, dass ich ein Teil dieses Wunders der Natur sein darf.
- Ich liebe meinen Körper. Ich liebe meine Weiblichkeit. Ich liebe mein Baby im Bauch. Ich liebe mein Leben. Ich fühle mich glücklich und zufrieden.
- Ich bin offen und bereit für eine wundervolle Schwangerschaft.
- Ich bin eine großartige Frau und liebevolle Mutter.
- Ich vertraue meinem Kind und es vertraut mir.
- Ich bin gesund, glücklich und zufrieden.
- Ich genieße die wunderbare Nähe zu meinem Kind.
- Ich ernähre mich bewusst und achte auf meine Gesundheit und die meines Babys.
- Ich erlaube mir, mich auszuruhen, wenn ich das Bedürfnis danach habe.
- Ich vertraue mir und der Natur und lasse alle Ängste los.
- Ich spüre eine natürliche Ruhe durch meinen Körper fließen. Mein Kind und ich sind sicher. Mir geht es gut. Meinem Kind geht es gut.
- Ich öffne mich der Liebe zu meinem Kind. Es baut sich ganz natürlich eine immer stärkere Bindung zwischen mir und meinem Baby auf.
- Ich treffe gute Entscheidungen für mich und mein Baby.

- Ich freue mich darauf, Mama zu werden. Ich werde eine wundervolle Mutter.
- Ich bin dankbar für all die Wunder in meinem Leben.
- Ich bin geduldig und gelassen und vertraue meinem Körper.
- Alles entwickelt sich zu unserem Besten.

Positive Affirmationen für eine sanfte Geburt:

- Jede Wehe bringt mein Baby näher zu mir.
- Ich habe alles in mir für eine sanfte und sichere Geburt.
- Ich und mein Baby sind ein starkes und harmonisches Team.
- Ich vertraue meinem Kind und meiner inneren Stärke.
- Immer und zu jeder Zeit vertraue ich meinem mütterlichen Instinkt.
- Mein Baby kennt seinen Weg durch die Geburt.
- Ich vertraue meiner Kraft und überwinde meine Grenzen.
- Liebe und Leichtigkeit begleiten meinen Weg.
- Mein Muttermund ist weich und öffnet sich mit Leichtigkeit bei jeder Wehe.
- Ich freue mich auf mein Baby.
- Ich bin ruhig und entspannt.
- Ich freue mich auf die besondere Zeit, die vor mir liegt.
- Ich bin stark. Mein Kind und ich, wir schaffen das.
- Ich bin während der Geburt sicher.
- Ich vertraue meinem Körper.
- Ich bin voller Zuversicht. Ich glaube an mich und meine Fähigkeiten.

Suche dir von diesen Affirmationen jene heraus, die dir am besten gefallen. Fange zunächst mit einigen wenigen an. Je kürzer und aussagekräftiger sie sind, desto besser prägen sie sich in dein Unterbewusstsein ein.

Denn wir sind das, was wir über uns denken:

„Das mächtigste Programm in deinem Leben ist das Urteil, das du bewusst und unbewusst über dich gefällt hast. Es bestimmt alles!“

— Veit Lindau

Gedanken formen unsere Realität.[21] Deswegen achte auf Gedankenhygiene. Wenn du dich selbst auf der Sonnenseite des Lebens siehst, wirst du viel öfter gut gelaunt und mit strahlenden Augen durch deinen Alltag spazieren. Diese positive Grundhaltung wird sich nicht nur auf deine Mitmenschen, sondern auch auf dein Baby übertragen.

11. Idee: Ultraschallbilder kreativ bearbeiten

Wusstest du, dass du die Möglichkeit hast, die Ultraschallbilder von deinem Zwerg kreativ aufzupeppen?

Mit einem Bildbearbeitungsprogramm wie Gimp, Affinity oder Photoshop lassen sich tolle Effekte zaubern, die deinen Fotos das gewisse Etwas verleihen.

12. Idee: Anekdoten aus der Schwangerschaft festhalten

In jeder Familie existieren Geschichten, die gern weitererzählt werden. Diese Geschichten sind oft sehr unterhaltsam. Manchmal sind sie lehrreich und manchmal lustig. Auf jeden Fall einmalig.

Ich erinnere mich noch sehr gut an meine zweite Schwangerschaft, in der mir in den ersten Wochen sehr übel wahr, sodass ich mich am Bahnhof übergeben musste. Leider waren viele Schaulustige unterwegs. Ein Mann kam kopfschüttelnd auf mich zu und schimpfte laut: "So früh am Morgen schon besoffen sein!" Mir war so hundeelend zumute, dass ich gar nichts erwidern konnte. Rückblickend muss ich bei der Geschichte schmunzeln. Gut, dass ich sie aufgeschrieben habe. Ich werde die Story nie vergessen!

Notiere dir alles, was du nicht vergessen möchtest. Vielleicht kannst du es ja eines Tages deiner Tochter oder deinem Sohn vorlesen?

13. Idee: Stärken aufschreiben

Du brauchst dazu:
Einen Zettel oder Notizbuch, einen Stift.

Überlege einmal, was dich ausmacht, was für positive Besonderheiten und Stärken du besitzt. Anschließend notierst du diese wertvollen Eigenschaften.

Denke darüber nach, welche Stärken du an dein Kind weitergeben möchtest. Was kannst du ihm gut vermitteln?

Diese Übung stärkt dein Selbstwertgefühl. Davon wird auch dein Bauchbewohner profitieren.

14. Idee: Fertige monatliche Babybauchfotos an

Mache jeden Monat ein Foto von deinem wachsenden Babybauch. Du kannst sie in einer Reihe aufkleben und vergleichen. Eingerahmt ist das eine tolle Erinnerung an diese besondere Zeit!

15. Idee: Kochen für dich und deinen Bauchbewohner

Du brauchst dazu:

Lust zum Kochen, einige Zutaten sowie Utensilien und gegebenenfalls Gesellschaft (deinen Partner, eine Freundin, deine Schwester etc. – dann schmeckt es noch besser!)

Koche dir ein Menü, dass besonders lecker und gesund in deiner Schwangerschaft ist. Wenn du sowieso gern kochst, wird dir das viel Spaß machen.

In deiner Schwangerschaft nimmst du zu. Das ist völlig normal und auch gut so. Aus Erfahrung kann ich sagen, dass zu viele Kilos allerdings auch nicht angenehm und gesundheitsfördernd sind. Der Slogan "Essen für zwei" stimmt nicht direkt. Ab dem 4. Monat hast du einen Kalorienmehrbedarf von ungefähr 200 bis 300 Kalorien.[22] Während der Stillzeit benötigst du knapp 700 Kalorien mehr.

Worauf du achten solltest und welche Rezepte dir und deinem Baby guttun, verrate ich dir hier:

Während deiner Schwangerschaft solltest du bitte keine Diät starten. Du solltest einzig und allein auf die Zusammensetzung von gesunden Kalorien achten.[23] Diese sind enthalten in folgenden Lebensmitteln: frisches Obst, Gemüse und Salat, Vollkornprodukte, Hülsenfrüchte, Kartoffeln, mageres Fleisch, Fisch, Eier (nicht roh), pasteurisierte Milch bzw. magere Milchprodukte. Empfehlenswert sind in geringen Mengen Nüsse und Kerne. Besonders geeignet sind Walnüsse. Sie enthalten hochwertige Fette, die deinem Baby guttun. Bei Fetten solltest du vermehrt auf Olivenöl, Schwarzkümmelöl und Leinöl zurückgreifen. Ausreichend Flüssigkeit ist nun essenziell. Du brauchst es für das Fruchtwasser. 1,5 bis 2 Liter am Tag solltest du zu dir nehmen. Am besten sind Wasser und ungesüßte Getränke geeignet. Speziell für die Schwangerschaft geeignete Teesorten sind nicht nur lecker, sondern auch gesund.

Rezepte

Hier möchte ich dir zwei besonders leckere und gesunde Buddha Bowls vorstellen. Diese moderne Erscheinung kommt aus den USA. Seinen Namen hat das leckere Gericht erhalten, weil man Schüsseln wie Buddha-Bäuche vollpackt. In diesen Bowls hier sind hauptsächlich Gemüsesorten enthalten, die wohltuend auf deine Schwangerschaft wirken.

Sommer Buddha Bowl[24]

Zutaten:
3 Salatblätter (Batavia oder Eichblattsalat)
eine Handvoll frischen Feldsalat
1/2 Tofu in Würfeln, angebraten
4 bis 5 Brokkoliröschen
1/4 Gurken, in Scheiben (mit oder ohne Schale)
1 Möhre
1/3 Dose rote Bohnen (Kidney Bohnen)
frische Kräuter aus dem Garten oder eingefroren
Salatsoße (wie du die selbst machen kannst, steht im nächsten Rezept)

Zubereitung: Das Gemüse gut waschen. Die Möhre raspeln. Den Brokkoli kochen. Den Tofu würfeln, anbraten und abkühlen lassen. Den Salat gut waschen. Alle Zutaten in einer größeren Schüssel anordnen. Besonders hübsch sieht deine Bowl aus, wenn du die Zutaten nach Farbe sortierst. Dein Auge isst schließlich mit. Mit frischen Kräutern (beispielsweise Petersilie oder Schnittlauch) dekorieren und die Salatsoße darüber geben.

Poké Bowl mit Lachs[25]

Das Trend-Gericht Poké Bowl stammt aus Hawaii und besteht aus zahlreichen gesunden und frischen Zutaten. Poké heißt auf Hawaiianisch "in Stücke schneiden". Alternativ kannst du die Bowl auch mit Tofu anstatt Lachs zubereiten. Siehe dazu das Rezept aus der angegebenen Quelle.

<u>Zutaten:</u>
200 g Lachs in Stücke oder Streifen geschnitten
1 große Möhre
1/2 Zucchini
1/2 Aubergine
2-3 rote Pflaumen
1/2 Gurke
2 Tomaten (oder 6 Cherrytomaten)
2 EL schwarzer Sesam
Salz, Pfeffer
160 g Vollkornreis (Ich kann schwarzen Reis empfehlen! Superlecker!)

<u>Zutaten für die Salatsoße:</u>
2 EL Sojasoße,
2 EL Reisweinessig oder weißer Essig
2 EL Sesamöl
1 TL Ahornsirup oder Reissirup
1 EL Zitronensaft
Sesamöl oder Rapsöl zum Braten

Zubereitung:

1. Den Reis nach Anleitung kochen.
2. Den Lachs gut durchbraten.
3. Das Gemüse gut waschen. Die Möhre grob raspeln. Die Gurke in feine Streifen schneiden. Die Pflaumen und Tomaten in kleine Stücke schneiden.
4. Die Aubergine in kleine Stücke schneiden und salzen. Die Zucchini in Scheiben schneiden.
5. Brate zuerst die Auberginenstücke an. Danach sind die Zucchinischeiben an der Reihe. Achte darauf, dass diese nicht zu weich werden.
6. Nun kannst du Schüsseln anrichten. Das Rezept reicht für 2 mittelgroße Schalen. Du darfst gern wieder fantasievoll nach Farben dekorieren. Den Fisch in die Mitte geben. Die Pflaumen in Hälften schneiden und oben drüber geben.
7. Für die Salatsoße alle Zutaten gut mischen und über die Bowl gießen. Mit schwarzem Sesam und Pfeffer dekorieren.

Guten Appetit!

16. Idee: Entwicklung deines Babys verfolgen

Du brauchst dazu:
Einen Ratgeber für Schwangere/ eine Schwangerschafts-App/ einfach nur Internet.

Verfolge jede Schwangerschaftswoche die Entwicklung deines Babys. Lese nach, was es bereits kann, wie es aussieht, welche Organe wie weit entwickelt sind. Das stärkt die Beziehung zu deinem Ungeborenen, ist total spannend und interessant.

17. Idee: Briefe an dein Baby schreiben

Du brauchst dazu:
Hübsches Papier, einen Stift, Lust zu schreiben.

Schreibe jeden Monat einen persönlichen Brief an deinen Nachwuchs. Du kannst gute Wünsche formulieren, kleine Gedichte entwickeln oder Geschichten schreiben. Diese Briefchen stellen ein tolles Geschenk zum 18. Geburtstag deines Kindes dar.

18. Idee: Stelle deinen eigenen Schwangerschaftstee her – Abwarten und Tee trinken

„Wenn dir kalt ist, wird Tee dich wärmen,
wenn du erhitzt bist, wird er dich abkühlen,
wenn du bedrückt bist, wird er dich aufheitern,
wenn du erregt bist, wird er dich beruhigen."

— William Ewart Gladstone

Du brauchst dazu:
Einige Kräuter und ein geeignetes Gefäß.

Während deiner Schwangerschaft solltest du ausreichend trinken. Dafür eignet sich am besten Wasser. Kräutertees können eine leckere Abwechslung bieten. Bei der Auswahl der Kräuter solltest du jedoch genauer hinschauen. Es gibt Kräuter und Gewürze, die man während der Schwangerschaft meiden sollte, weil diese zum Beispiel Wehen auslösen können. Es gibt aber auch Heilkräuter, die deine Schwangerschaft sanft unterstützen und dir helfen, dich in Gelassenheit zu üben. Die Grundregel lautet hier: Teesorten abwechseln und in Maßen genießen.

Kräuter, die in der Schwangerschaft erlaubt sind[26]:

- Melisse (wirkt beruhigend, duftet lecker frisch)
- Roibos (gute Vitamin- sowie Mineralstoffquelle)
- Kamille (beruhigt den Magen, lindert Sodbrennen)
- Fenchel (wirkt magenberuhigend)
- Pfefferminze (angenehmer frischer Geschmack, beruhigend)
- Lavendel (entspannend und schlaffördernd)
- Schafgarbe (gegen Magenkrämpfe)
- Frauenmantel (zur Kräftigung der Gebärmutter)
- Johanniskraut (zur Beruhigung, für mehr Ausgeglichenheit und guten Schlaf)

Du kannst Tee hervorragend bei typischen Beschwerden in der Schwangerschaft zu dir nehmen. Dazu gehören Blähungen, Verstopfungen, Kreislaufbeschwerden, Schlafstörungen, Eisenmangel, Übelkeit, Wassereinlagerungen und Bauchschmerzen.

Endspurt – Tee ab der 37. Schwangerschaftswoche[27]

Zur Lockerung der Beckenmuskulatur und zur Anregung der Durchblutung der Gebärmutter wird im 3. Abschnitt der Schwangerschaft Himbeerblättertee empfohlen.

Bei Blutungen, vorzeitigen Wehen oder Risiko einer Frühgeburt solltest du keine großen Mengen davon trinken. Spreche vor Beginn aber unbedingt mit deinem Frauenarzt oder deiner Hebamme darüber. Du kannst reinen Himbeerblättertee trinken oder einige Blätter nach Lust und Laune untermischen.

Du kannst dir deine Lieblingskräuter ganz einfach in der Apotheke bestellen und zu Hause zusammenmixen. Oder du nutzt die Gelegenheit und pflanzt ein kleines Kräuterbeet. Dann kannst du die Kräuter selbst ernten und trocknen. Egal für welche Variante du dich entscheidest. Es soll dir Spaß machen und deinem Wohlbefinden dienen.

Kleiner Tipp:

Ich nehme gerne meine Kräuter aus dem Garten. Wenn sie nach wenigen Wochen gut durchgetrocknet sind, fülle ich sie in bunt bemalte Dosen ab. Den Tees gebe ich selbst ausgedachte Namen wie beispielsweise "Sonnenaufgang", "Entspannende Glücksmomente" oder "Munter-Macher".

19. Idee: Schwangerschaftsyoga – der ideale sportliche und meditative Begleiter

„Im Yoga geht es nicht darum, auf dem Kopf zu stehen, sondern fest auf den eigenen Füßen."

— Kausthub Deskachar

Du brauchst dazu:
Bequeme Kleidung, eine Decke oder Yogamatte, eventuell ein kleines Kissen.

Dein Liebling im Bauch wird es lieben und du hoffentlich auch! Melde dich bei einem Yogakurs für Schwangere an oder probiere es selbst zu Hause aus. Schaue auch gerne Mal auf YouTube. Hier gibt es eine Vielzahl von Schwangerschaftsyoga, oder auch pränatales Yoga genannt, Videos – auch für unterschiedliche Trimester.

Diese positiven Effekte kann pränatales Yoga haben[28]:

- Verbesserung des Schlafs
- Stressreduzierung
- Vorbeugen von Kopfschmerzen
- Vorbeugen von Rückenschmerzen
- Erhöhung der Stärke und Flexibilität von Muskeln, die für die Geburt wichtig sind
- Verbesserung der Atmung
- Erleichterung der Entbindung

Ganz wichtig: Überanspruche dich bitte nicht. Beim Yoga geht es nicht um Höchstleistungen, die dein Körper vollbringen soll. Gehe sanft bis an deine natürlichen Grenzen. Überschreite diese aber nicht. Versuche, dich selbst einzuschätzen. Wie geht es dir? Fühlst du dich in Balance? Körper, Seele und Geist können durch Yoga ausbalanciert werden. Achte darauf, dass du dich nicht überdehnst oder überdrehst. Deine Bänder und Sehnen werden in der Schwangerschaft weicher. Gehe es sanft und vorsichtig an. Besonders wenn Yoga Neuland für dich darstellt, solltest du dich zaghaft an die Übungen herantasten. Vermeide Kopfstände, Verrenkungen und wilde Sprünge. Lege dich nicht auf den Bauch und mache keine Bauchmuskelübungen. Achte immer auf deine Atmung. Wenn du Probleme in der Schwangerschaft haben solltest, frage bitte unbedingt vorher deinen Arzt, ob Yoga das Richtige für dich ist. Und wenn es dir bei einer Übung schwindelig werden sollte, dann breche bitte ab.

Hier sind einige Tipps und Übungen[29], die du mit Spaß und Offenheit umsetzen kannst:

1. Übung: Die Katze

Diese Yogasequenz hat eine durchblutungsfördernde Wirkung und stärkt und lockert deine Muskulatur im Rücken und Beinen. Außerdem wird deine Wirbelsäule aktiviert und die Entgiftung in deinem Körper angeregt.

Komme hierfür in den Vierfüßlerstand. Halte den Rücken gerade. Atme ein und hebe dabei ein Bein gerade nach hinten hoch. Diese Position halten. Den Rücken gerade halten. Falle nicht ins Hohlkreuz. Beim Ausatmen zurück in den Vierfüßlerstand kommen. Atme ein und hebe das andere Bein. Wiederhole diese Übung mehrfach.

2. Übung: Der Baum

Diese Gleichgewichtsübung stärkt deine Schultern und Gelenke.

Stelle dich fest auf deine Füße. Öffne deine Beine etwas weniger als hüftbreit. Spanne deinen Beckenboden fest an. Halte deinen Rücken und Nacken möglichst gerade. Hebe nun ein Knie an und führe es langsam nach außen. Versuche deinen Fuß so weit es geht am Bein nach oben zu ziehen.

Schließe deine Hände vor deiner Brust, sobald du sicher stehst. Dann führe beide Arme langsam nach oben über deinen Kopf. Halte diese Position für ein paar Sekunden. Dann führe die Übung mit dem anderen Bein aus.

Wenn du bei dieser Asana (Übung) sicher und stabil wie ein Baum stehst, gratuliere ich dir. Wenn nicht, versuche es jeden Tag wieder. Du wirst sehen, bald gelingt es dir.

3. Übung: Haltung des Kindes

Diese Asana entspannt deinen Rücken und deinen Bauch.

Setze dich auf deine Füße. Öffne deine Knie so weit, dass dein Babybauch dazwischen passt. Platziere ein Kissen oder eine zusammengerollte Decke vor dir. Leg deinen Oberkörper auf deinen Ellenbogen ab. Lasse deinen Kopf zwischen deine ausgestreckten Arme auf die Decke vor dir sinken.

Versuche in der Position Nacken, Schultern und Arme zu entspannen. Bleibe mehrere Atemzüge hier. So wird dein Rücken entspannt. Achte beim Hochkommen darauf, dass du dich langsam Wirbel für Wirbel aufrollst.

20. Idee: Genieße einen Schwangeren-Wellnesstag

Du brauchst dazu:
Pflegendes Schwangerschaftsöl, Massagebürste und Badewanne.

Wie wäre es mit einem Wellnesstag nur für dich und deinen süßen Nachwuchs in deinem Bauch? Gönne dir ein ausgiebiges Verwöhnprogramm in deinen eigenen 4 Wänden.

Fülle deine Badewanne mit angenehm warmem Wasser und genieße ein Vollbad.[30] Verwende gerne einen Badezusatz, der für dich und dein Baby geeignet ist. Er sollte frei von synthetischen Konservierungsmitteln und künstlichen Emulgatoren sein. Duft- und Farbstoffe sollten vorzüglich aus pflanzlicher Basis hergestellt sein. Melisse, Lavendel und Rose können dir guttun. Sie stellen ideale Pflanzen für deine Schwangerschaft dar, da sie eine beruhigende und entspannende Wirkung besitzen. Benutze eine Körperbürste oder einen Luffa-Handschuh für Beine und Po. Das regt die Durchblutung schön an.

Nach dem Baden ist es wohltuend, deine Haut mit ausreichend Feuchtigkeit zu versorgen, damit sie elastisch bleibt. Die Extraportion Pflege kann Schwangerschaftsstreifen vorbeugen. Deiner Haut am Bauch solltest du besonders viel Aufmerksamkeit schenken.

Eine kleine Zupfmassage tut deiner Haut besonders gut: Öle dazu deinen Babybauch gut ein. Verwende zum Beispiel ein neutrales Jojoba-Öl. Auch Mandel- oder Olivenöle sind perfekt für die Babybauchhaut. Nachdem das Öl etwas eingezogen ist, nimmst du kleine Hautrollen zwischen die Finger und zupfst diese sanft nach oben weg. Ab der 36. Schwangerschaftswoche solltest du nur noch ölen, ohne zu zupfen. Verzichte am besten auf Peelings mit Fruchtsäure und Vitamin A. Benutze stattdessen lieber Peelings mit mechanischen Reibekörpern. Mandelkleie sowie Heil- oder Kaolinerde sind gute Begleiter für einen frischen Teint während der Schwangerschaft.

Du kannst auch zusätzlich eine Gesichtsmaske aus Heilerde und wenigen Tropfen Lavendelöl herstellen. Das hat eine antibakterielle und heilende Wirkung.

Viel Spaß beim Pflegen, Verwöhnen und Entspannen!

21. Idee: Wassergymnastik für Schwangere

Du brauchst dazu:
Wasser (z. B. Hallen- oder Freibad), dich selbst und deinem entzückenden Babybauch.

Ich kann dir sagen, dass ein Wassergymnastikkurs in der Schwangerschaft super entspannend ist. Wasser ist das Element, das einer schwangeren Frau helfen kann, sich sportlich zu betätigen, ohne eine größere Verletzungsgefahr einzugehen.

Bei meinem Kurs damals fühlte ich mich federleicht und geborgen im warmen Wasser. Zusammen mit den anderen Kugelmamis machte das Work-out im Wasser total Spaß. Das eigene Körpergewicht und auch der wachsende Babybauch stören plötzlich nicht mehr. Der Wasserdruck wirkt sich beim Aquafitness sehr positiv auf geschwollene Gliedmaßen, Kreislauf, Atmung und Blutdruck aus.[31] Die Gelenke werden geschont. Beckenbodentraining, Rückenstärkung und Durchblutungsförderung gibt es inklusive!

Viele Krankenkassen übernehmen sogar den Kurs.

Ab ins Wasser!

22. Idee: Schwangerschaftsmassage

Du brauchst dazu:
Ein spezielles Massagestudio oder Hebamme, das auch Schwangerschaftsmassage anbietet oder alternativ eine Freundin, Freund, Partner oder ähnliches. Bei Bedarf Massageöl.

Abschalten, relaxen und Verspannungen lösen. Lasse dich bei einer Schwangerschaftsmassage verwöhnen.

Schaue in deiner Nähe nach einem Massagestudio, das spezielle Schwangerschaftsmassagen anbietet. Einige Hebammenpraxen bieten ebenfalls dieses Zusatzangebot an. Natürlich kannst du auch deinen Partner oder einen Freund bzw. Freundin bitten, dich zu massieren. Dieser sollte nur einige Dinge beachten, damit du die Streicheleinheiten voll und ganz genießen kannst.

Massagen versprechen Regeneration für Körper, Geist und Seele.[32] In der besonderen Zeit der Schwangerschaft ist jedoch nicht jede Massage für dich geeignet.

Auf dem Bauch solltest du ab dem 2. Trimester besser nicht mehr liegen. Der Druck auf die Gebärmutter wäre bei einer Massage zu groß. Am besten ist jetzt eine bequeme Sitzhaltung oder die Seitenlage.

Wenn du unter vorzeitigen Wehen, Krampfadern oder Diabetes leidest, solltest du Abstand von einer Massage nehmen. Bei einer Schwangerschaft ohne Komplikationen ist eine Massage unter Beachtung der angesprochenen Punkte möglich. Es ist aber wichtig, dass du dich wohlfühlst. Solltest du merken, dass dir etwas nicht guttut, dann breche es bitte direkt ab.

Massageöle sollten folgende Inhaltsstoffe lieber nicht enthalten: Rosmarin, Zimt, Fenchel, Schafgarbe, Muskat, Anis, Salbei, Estragon, Kamille, Zeder, Wacholder, Liebstöckel, Eisenkraut, Basilikum, Oregano.

Massagen im Lendenwirbelbereich sollten auf gar keinen Fall in Erwägung gezogen werden. Hier sitzen Akupunkturpunkte, die die Gebärmutter stimulieren.

Bei der Massage zu Hause sollte dein Partner darauf achten, sanfte Bewegungen ohne Druck auszuführen. Der Bauch sollte nicht massiert werden. Es kann ein leicht erwärmtes Öl verwendet werden.

Die sogenannte perinatale Massage richtet sich ganz an die Bedürfnisse von dir in deiner Schwangerschaft. Sie ist in der Lage, die meisten Schwangerschaftsbeschwerden erheblich zu lindern. Jedoch wird sie meist nur von erfahrenen Hebammen angeboten.

23. Idee: Schau einen Kinderfilm an

Du brauchst dazu:
Eine DVD oder Netflix und Co., gesunde Snacks, eventuell Gesellschaft.

Damit stimmst du dich richtig auf das Muttersein ein: Schau dir einen beliebten Kinderfilm an, der gerade angesagt ist oder einen echten Klassiker oder einen, der dir einfach zusagt.

Es gibt zum Beispiel wunderschöne Kinderfilme nach den Geschichten von Astrid Lindgren (Pippi Langstrumpf, Michel aus Lönneberga, Madita, usw.).

Gönne dir einen richtig gemütlichen Filmabend. Bevor du in die Chipstüte greifst, bereite dir lieber ein paar gesunde leckere Snacks. Wie das funktioniert, verrate ich dir in der nächsten Idee!

24. Idee: Mach dir leckere Snacks für dich und deinen Bauchbewohner

Du brauchst dazu:
Gar nicht so viel Aufwand, wie du denkst! Ein paar Zutaten und einen Pürierstab.

Damit du gesund und fit in der Schwangerschaft bleibst, greife öfter mal zwischendurch zu einer Portion Obst, rohem

Gemüse (Rohkost) oder Nüssen. Sie enthalten wichtige Vitamine und Mineralstoffe, die deinem Baby guttun. Besonders Folsäure, Vitamin D, Jod, Eiweiß, Eisen sowie Omega-3 Fettsäuren sollten nun auf deinem Speiseplan stehen. Richtig zubereitet, kommt dabei keine Langeweile auf.

Klopft der Heißhunger mal wieder an deine Tür? Abwechslungsreiche Köstlichkeiten, die speziell auf die Bedürfnisse für Schwangere abgestimmt sind, habe ich dir hier zusammengestellt:

Süßkartoffelchips

Zutaten:
600 g Süßkartoffeln, etwas Öl, und Salz.

Zubereitung:
Schäle die Süßkartoffeln und schneide sie anschließend in dünne Scheiben. Am besten funktioniert dies mit einem Gurkenhobel. Tunke die Scheiben in etwas Öl und lege sie auf ein mit Backpapier ausgelegtes Blech. Die Süßkartoffelchips werden nun bei 170 Grad im Backofen für ca. 10 bis 15 Minuten gebacken. Danach kannst du sie salzen.

Wenn du es noch etwas deftiger magst, kannst du deine Chips vor dem Backen auch mit Paprika- oder Chilipulver bestreuen.

Exotischer Obstsalat

Zutaten:
Ananas
Drachenfrucht
Maracuja

Banane
Papaya
Kiwi
Nüsse (Walnüsse, Cashewnüsse, Mandeln, Paranüsse)
Leinsamen oder Flohsamen.

Zubereitung:
Früchte waschen, schälen und in mundgerechte Stücke schneiden. Nach Belieben etwas Naturjoghurt zu geben. Anschließend mit den gehackten Nüssen garnieren.

Falls du unter den typischen Verdauungsbeschwerden (Verstopfung) leiden solltest, kannst du noch Leinsamen oder Flohsamen über deinen Obstsalat geben.

Gemüsesticks mit Avocado Dip

Zutaten:
Salatgurke
Paprika
Kohlrabi
Möhre
Staudensellerie

Für den Dip:
1 Avocado
1 Schalotte
1/2 Zitrone
1 Becher Crème fraîche oder Schmand
etwas Olivenöl
Salz und Pfeffer

Zubereitung: Obst und Gemüse gründlich waschen. Die Schalotte in kleine Würfel schneiden. Entkerne die Avocado und nimm das Fruchtfleisch heraus. Gib das Fruchtfleisch in eine Schüssel und beträufele es mit dem Zitronensaft. Anschließend pürierst du es mit einem Stabmixer und hebst das Crème fraîche oder den Schmand und die gewürfelte Schalotte unter. Gib etwas Olivenöl dazu und schmecke die Masse mit Salz und Pfeffer ab.

Schneide das Gemüse in längliche Streifen und richte es nach Farben sortiert auf einem Teller an. Lass es dir schmecken!

25. Schwangerschaftstagebuch führen

Wie langweilig und mühsam? Nicht bei so vielen neuen Erlebnissen in deiner Schwangerschaft!

Lege dir dein ganz persönliches Tagebuch über deine Schwangerschaft an. Hier kannst du täglich oder wöchentlich reinschreiben, deine Gedanken, Wünsche, Erlebnisse und Ideen festhalten. Eine Schwangerschaft ist einfach spannend. Du kannst hier auch Momente mit Datum festhalten, wie zum Beispiel:

Wann hast du erfahren, dass du schwanger bist?
Wem hast du diese besondere Nachricht als erstes erzählt?
Dein erstes Ultraschallbild?
Das 1. Mal den Herzschlag deines Kindes gehört?
Wann hast du zum ersten Mal die Kindsbewegungen gespürt?

Du kannst einfach ein Heft nehmen, ein spezielles Tagebuch oder du gestaltest dir dein ganz persönliches Erinnerungsbuch, in das zu reinschreibst. Dieses kannst du individuell gestalten und dabei deiner Kreativität freien Lauf lassen.

26. Idee: Mache einen SOS-Kurs für Babys und Kleinkinder

Bestimmt wird in deiner Nähe ein Erste-Hilfe-Kurs, der auf Babys und Kinder spezialisiert ist, angeboten. Das Wissen, was im Notfall zu tun ist, verschafft dir Sicherheit im Umgang mit deinem Neugeborenen.

Solche Kurse kannst du auch online besuchen.

27. Idee: Übe dich im Selbstlob

Sage dir selbst laut und deutlich, wie toll du bist. Teile dir selber mit, was du heute gut gemacht hast und warum du stolz auf dich bist.

Auch wenn das auf den ersten Blick etwas überheblich klingen mag, so ist diese Selbstbeweihräucherung eine spitze Methode, um dich zu motivieren, dir Mut zuzusprechen und dein Selbstbewusstsein enorm zu stärken.[33]

Eigenlob kann dabei helfen, dich physisch und psychisch gesund zu halten. Davon profitiert auch dein Nachwuchs. Menschen, die gelobt werden, egal ob von sich selbst oder von Freunden, Familie, Bekannten, sind leistungsfähiger, motivierter und stecken sich höhere Ziele.

Sei nett zu dir, wie es eine gute Freundin von dir auch wäre. Sei dir selbst dein bester Freund. Du darfst dir also ruhig öfters auf die Schulter klopfen. Eigenlob stinkt nicht! Im Gegenteil. Lob tut auch später deinen Kindern gut. Fange jetzt schon bei dir damit an. Positive Worte und das Hervorheben von Stärken stabilisieren euer Familienleben.

28. Idee: Babybilder heraussuchen

Suche Bilder von dir und gegebenenfalls dem Vater des Kindes als Baby heraus. Ihr könnt gemeinsam die Fotos vergleichen und euch überlegen, wie euer Nachwuchs wohl aussehen wird.

Wird das Baby deine blonden Haare haben? Wird es die grünen Augen und die Gesichtszüge deines Partners haben?

Seid neugierig!

29. Idee: Verreise mit einer Freundin

„Freundschaft wärmt die Seele, wenn sich die Sonne mal wieder versteckt."

– Unbekannt

Genieße die letzte Zeit mit deiner Freundin alleine. In Zukunft wird dich dein kleines Wunder begleiten und es wird sich vieles um Babybrei, volle Windeln und schlaflose Nächte drehen.

Sucht euch einen netten Ort, an dem ihr ein paar Tage nur für euch habt. Fahrt ans Meer, in die Berge oder dorthin, wo ihr euch wohlfühlt. Genießt eure Freundschaft in vollen Zügen! Lange gemeinsame Spaziergänge, ausführliche Frauengespräche und ein Glas alkoholfreien Wein oder Sekt beim Sonnenuntergang stärken dein seelisches Gleichgewicht. Ihr werdet euch noch lange daran erinnern. Wenn eure Kinder aus dem Haus sind, könnt ihr das wiederholen!

30. Idee: Schreibe einen Liebesbrief an dein Baby

Besorge dir schönes Briefpapier und schreibe deinem Schatz einen richtig kitschigen Liebesbrief. Sag deinem Baby, wie sehr du dich nach ihm sehnst und wie groß deine Vorfreude ist! Wetten, dass dein Kind im Bauch deine Liebe spüren kann?

31. Idee: Bastle ein Mobile für dein Kind

Im Internet findest du zahlreiche Bastelanleitungen, um deinem Schatz ein richtig cooles Mobile zu bauen. Über dem Babybettchen hat dein kleiner Liebling dann immer was zum Bestaunen.

Suche dir Motive, die dir gefallen. Es können kleine Wolken sein oder Sonne, Mond und Sterne, die leise dahin schaukeln. Oder wie wäre es mit lustigen Tieren, Autos, Luftballons oder Flugzeugen?

32. Idee: Babymusik für deinen Schatz

Kopfhörer auf den Bauch und los geht's!

Ab der 16. Schwangerschaftswoche kann dein Baby hören und ab der 21. Schwangerschaftswoche sind die Hörorgane voll ausgereift.[34] Wenn du deinem Ungeborenen nun etwas vorsingst, wird es dir lauschen.

Mediziner sind sich einig: Besonders klassische Musik wie Mozart wirkt beruhigend auf das Baby, da diese Musik meist im gleichen Tempo wie der Herzschlag des Babys gespielt wird.

Mittlerweile gibt es im Handel etliche CDs, die extra für werdende Mütter und ihr Baby gemacht worden sind.

Du solltest nur darauf achten, dein Baby nicht einer extremen Dauerbeschallung auszusetzen. Auch von den in Mode gekommenen vaginalen MP3-Playern raten Mediziner ab. Außerdem sollte die Musik nicht zu laut sein. Das würde Stress bei deinem Bauchbewohner auslösen.

Kaufe im letzten Schwangerschaftsabschnitt eine Spieluhr, die du später deinem süßen Schatz abends zum Einschlafen vorspielen möchtest. Halte sie ab und zu an deinen Bauch. Skandinavische Wissenschaftler fanden nämlich heraus, dass der kleine Mensch noch Monate nach der Entbindung in der Lage ist, vertraute Sounds wiederzuerkennen. Das schafft Vertrauen und Geborgenheit für dein Baby.

Interessant ist, dass viele Babys sich später schneller beruhigen, wenn sie Geräusche hören, die ähnlich wie die im Mutterleib sind. Da wird auch mal der Staubsauger oder der Haarföhn angeschmissen, damit der kleine Schreihals sich beruhigt.

33. Idee: Maßband für deinen Babybauch machen

Du brauchst dazu:
Ein Maßband und Sticker.

Eine ausführliche Dokumentation über das Ausmaß deines Babybauchs ist eine tolle Erinnerung an deine Schwangerschaft. Im Nachhinein wirst du es dir kaum mehr vorstellen können, wie groß deine Kugel war!

Messe deinen Bauch wöchentlich mit einem Maßband und markiere die Stelle mit einem Sticker. Auf dem Sticker kannst du das Datum der Messung schreiben. Wenn du magst, kannst du zusätzlich dazu Eintragungen in einem Kalender vornehmen.

Eine simple und zuckersüße Erinnerung an deine Schwangerschaft!

34. Idee: Pflanze einen Baum für dein Kind, denn neues Leben ist und bleibt ein Wunder der Natur!

„Wer einen Baum pflanzt, wird den Himmel gewinnen."

– Konfuzius

Ein Baum ist das Sinnbild für Leben und Fruchtbarkeit.[35] Es gibt die alte Tradition, dass bei der Geburt eines Mädchens ein Birnenbaum und bei der Geburt eines Jungen ein Apfelbaum gepflanzt werden.[36]

Als eine Art Düngemittel für den gepflanzten Baum kann die nährstoffreiche Plazenta (Mutterkuchen) des Babys mit vergraben werden. Auf diese Weise soll der Baum besonders kraftvoll, gesund und natürlich wachsen.

Wir werden die Tradition einfach mal verändern: Pflanze schon vor der Geburt deines Babys einen jungen Baum. Damit pflanzt du eine ganz besondere Beziehung in diese Welt. Außerdem ist es super für unser Klima. Plant for the planet!

Welche Baumart spricht dich an? Welche Sorte würde zu deinem Kind passen? Eine starke Eiche symbolisiert Selbstbewusstsein. Oder wie wäre es mit einem Früchte tragenden Baum wie zum Beispiel einem Olivenbaum oder einem Zitronenbäumchen? Du kannst dich natürlich auch für einen Lebensbaum oder eine Fichte entscheiden. Die lassen sich im Dezember toll mit zahlreichen wunderschönen Lichtern schmücken, die das Herz erwärmen.

Auf jeden Fall ist es ratsam, eine Sorte zu wählen, die den nordeuropäischen Winter gut übersteht.

Welchen Standort wählst du? Vielleicht sollte der Baum dort stehen, wo du ihn von deinem zu Hause aus gut im Blick hast. Oder du pflanzt ihn an einen Ort, wo du gut einen Spaziergang hin unternehmen kannst. Auf jeden Fall wird es eine tolle Aktion, wenn du später mit deiner Tochter oder deinem Sohn den Baum gemeinsam versorgen und pflegen könnt. Ein Baum stellt ein wirklich besonderes Geschenk dar.

Bei extremer Hitze und Trockenheit solltest du ihn regelmäßig gießen. Besonders nach dem Pflanzen und die ersten Wochen, wenn der die Wurzel ausstrecken soll, braucht er genügend Wasser.

Alternative Abwandlung:
Pflanze Blumensamen in deinen Garten ein oder in einen Topf. Nimm deine Schwangerschaft als eine Art Anlass, um die Welt ein Stück weit bunter und grüner zu machen.

35. Idee: Erinnerungskiste kreieren

„Die schönsten Erinnerungen sind die, die einem beim Zurückdenken ein Lächeln auf die Lippen zaubern."

— Unbekannt

Gestalte eine Erinnerungskiste an deine Schwangerschaft. Dafür kannst du einen alten Schuhkarton bunt bekleben oder kreativ bemalen. Es eignet sich auch eine alte Holzkiste, die du schön verzieren kannst.

In die Erinnerungskiste kommen alle möglichen Sachen, die du während der Schwangerschaft gesammelt hast. Du kannst beispielsweise Ultraschallfotos, den Mutterpass, einen Liebesbrief ans Ungeborene oder Fotos von deinem Babybauch in die Kiste legen. Die Kiste kannst du deinem Kind schenken, wenn es selbst mal Mama oder Papa wird.

Auch dieses Buch kannst du mit dazulegen. Schreibe zum Beispiel zu jeder Sache, die du ausprobiert oder unternommen hast das Datum dazu.

36. Idee: Wünsche in den Himmel schicken

„Wünsche muss man loslassen, damit sie gehen können ... nämlich in Erfüllung."

– Unbekannt

Du brauchst dazu:
Einen Ballon, Helium, eine Karte oder ein Stück Bastelkarton, eine Schnur und einen Stift.

Was wünschst du deinem Baby für das Leben? Gesundheit, Zufriedenheit, Glück, Erfolg?

Besorge dir einen Luftballon, der mit Helium gefüllt ist. Schreibe auf eine Karte deine Wünsche für das ungeborene Baby. Knote diese Karte dann mit einer Schnur an den Ballon und lass ihn in den Himmel schweben. Glaube fest daran, dass diese Wünsche in Erfüllung gehen werden.

37. Idee: Verkaufe Kleinkram

Der Nestbau kommt und du brauchst vor allem eins: Platz! Verkaufe lästigen Kleinkram, den du nicht mehr benötigst bei eBay und Co. Fotografiere alles, was schon seit langem in der Ecke verstaubt und stelle es ins Internet. Achte darauf, dass du die Dinge, die du loswerden möchtest, schön in Szene setzt. Das richtige Licht, ein schöner Teppich und eine tolle Pflanze im Hintergrund können Wunder bewirken. So wirst du deine Staubfänger ruck zuck los, andere freuen sich darüber und du kannst damit noch Geld machen!

38. Idee: Trete einem Schwangerschaftsforum oder einer Schwangerschaftsgruppe bei

Du bist im Mutterschutz oder aufgrund deiner Schwangerschaft arbeitsunfähig? Dann hast du vielleicht mehr Zeit. Trete einer Schwangerschaftsgtuppe oder einem Internetforum für Schwangere bei! Dort kannst du ausgelassen chatten und dich mit Gleichgesinnten austauschen. Das wird dir guttun! Oft hilft es, zu wissen, dass man mit seinen Fragen und Sorgen nicht allein ist. In gewissen Situationen fällt es dir vielleicht leichter, mit Fremden über ein bestimmtes Thema zu reden, anstatt mit engen Freunden oder Familienangehörigen.

39. Idee: Progressive Muskelentspannung nach Jacobson

Diese Entspannungsmethode bewirkt wahre Wunder! Was sich im ersten Moment merkwürdig anhört, ist beim Praktizieren so herrlich wohltuend. Ach, ich weiß gar nicht, was ich sagen soll ... Nach einigen Übungsversuchen überraschte mich die plötzliche tiefe Ruhe, die sich über mich legte wie ein wärmender Mantel.

Durch bewusstes Anspannen bestimmter Muskelgruppen und dem darauffolgenden Lockerlassen fühlt sich dein Körper wie aufgefrischt. Deine Gedanken sind ruhig und fokussiert.

Wenn ich gewusst hätte, wie einfach umzusetzen und wie erfolgreich progressive Muskelentspannung sein kann, hätte ich das schon früher ausprobiert. Ein super Geheimtipp für deine Schwangerschaft! Wenn es mal zu turbulent zu geht, leih dir eine CD zum Thema progressive Muskelentspannung in deiner nächsten Bücherei aus. Oder suche danach auf YouTube oder im Netz. Mach es dir in deinen vier Wänden bequem und mache die geführten Entspannungsübungen mit.

Eine wissenschaftliche Studie konnte belegen, dass regelmäßig angewandte progressive Muskelentspannung in der Schwangerschaft zur Verbesserung des allgemeinen Wohlbefindens führen kann.[37]

40. Idee: Newsletter an werdende Großeltern

Fertige einen Newsletter für die werdenden Großeltern an. Besonders, wenn sie nicht in eurer Nähe wohnen, werden sie sich freuen, wenn sie aktuelle Neuigkeiten aus deiner Schwangerschaft erfahren!

Du kannst die Newsletter monatlich verschicken. Aus Sicht des Babys geschrieben, hinterlassen sie einen besonders niedlichen Eindruck!

41. Idee: Anhänger mit Ultraschallbild fertigen

Du brauchst dazu:
Ultraschallbilder von deinem Schatz und einen Anhänger mit Kettchen.

Im Internet findest du Anhänger, in die du deine eigenen Fotos einkleben kannst. Schneide dein Ultraschallbild zurecht, sodass es in den Anhänger passt und klebe es auf. Vielleicht musst du zuvor das Ultraschallbild verkleinern. Nun hast du eine schöne Erinnerung an deine Schwangerschaft, die du ständig bei dir tragen kannst.

42. Idee: Rede mit deinem Kind

Sprich mit deinem Baby. Es wird deine Worte wahrnehmen. Auch wenn es sie nicht verstehen kann, so wird es dem Klang deiner Stimme lauschen und sich geborgen fühlen.

43. Idee: Babypflege-Kurs besuchen

Schaut man beim Einkaufen in die Babypflege Abteilung, wird man nahezu erschlagen. Es gibt unglaublich viele Produkte. Wer soll hier noch verstehen, was tatsächlich benötigt wird?

Ein Babypflegekurs kann dir hier weiterhelfen. Dort lernst du, was du tatsächlich zu Hause haben solltest, wie du dein Baby wäschst, badest und versorgst.

So ein Kurs kann dir Zweifel nehmen und dein Selbstvertrauen stärken.

In der Säuglingspflege werden auch Themen wie Säuglingsernährung, korrektes Liegen und Halten, Erstversorgung und das Erkennen von Bedürfnissen angesprochen.

Es gibt Tageskurse, Wochenendkurse und wöchentliche Kurse.

Nicht immer hat die Nachsorgehebamme ausreichend Zeit, um auf all deine Fragen einzugehen. Deswegen kann es durchaus hilfreich sein, wenn du dich schon vor der Entbindung mit ein paar Themen wie beispielsweise der

Bauchnabelpflege, dem Stillen und dem Wickeln vertraut machst. Das macht Spaß und weckt die Vorfreude.

44. Idee: Lernen ein Tragetuch zu binden

„Da werden Hände sein, die dich tragen und Arme, in denen du sicher bist und Menschen, die dir ohne Fragen zeigen, dass du willkommen bist."

— Khalil Gibran

Bevor du, wenn dein Baby auf der Welt ist, lange Experimente wagst, kannst du mit einer Puppe oder einem Teddy in Babygröße das Binden von einem Tragetuch üben.

Das Tragen an deinem Körper fördert die Bindung zwischen dir und deinem Baby.[38] Viele kleine Mäuse schlafen im Tuch außerdem friedlicher, da sie durch deine Bewegungen sanft hin- und hergeschaukelt werden und deinen Herzschlag hören.

Ein weiterer Vorteil, der durch das Tragen im Tuch entsteht, ist, dass du deine Hände freihast. Während du dein Baby immer bei dir hast, kannst du sämtliche andere Dinge erledigen. Ganz nebenbei kannst du ein Glas Saft trinken, Staubsaugen, ein Buch lesen, mit deiner Freundin telefonieren, Wäsche zusammenlegen usw.

Suche dir im Internet ein Video, dass das Binden des Tuches erklärt. Es gibt unterschiedliche Techniken, die du mit ein wenig Übung erlernen kannst. Sehr beliebt ist die sogenannte Wickelkreuztrage, bei der der kleine Wurm vorne an deiner Brust liegt, beziehungsweise sitzt. Es gibt natürlich auch Varianten für das Tragen auf dem Rücken.

Denke im Winter auch an eine geeignete Tragejacke.

Ein qualitativ gutes Tragetuch erkennst du daran, dass der Stoff elastisch, atmungsaktiv und schadstofffrei ist. Eine Länge von 5 Metern und eine Breite von 70 Zentimetern sollte es haben. Äußerst hilfreich ist eine Markierung am Mittelpunkt des Tuches. Die meisten Bindetechniken beginnen nämlich dort. Glaub mir, es ist einfach praktisch, wenn du nicht lange die Mitte des Tuches ausmachen musst, wenn du dein Baby schnell einwickeln möchtest.

45. Idee: Nimm dir Zeit für einen Saunatag

Du brauchst dafür:
Eine Sauna zum Wohlfühlen.

Saunieren ist eine wohltuende und gesunde Beschäftigung – auch in der Schwangerschaft.[39] Es dient der Entspannung und dem Ausschwitzen von Giftstoffen. Außerdem wird schweren Beinen und Thrombosen vorgebeugt. Finnische Forscher behaupten sogar, dass Frauen, die regelmäßig in die Sauna spazieren, eine leichtere und kürzere Geburt haben.

Es gibt aber einige Sicherheitsregeln, auf die du während deiner Schwangerschaft ganz besonders achten solltest:

- Bei vorzeitigen Wehen oder einem verkürzten Gebärmutterhals sind Saunagänge tabu!
- Verzichte kurz vor Geburtsbeginn lieber auf das Saunieren. Einige Aufgussaromen können Wehen auslösen.
- Bleibe nie länger als maximal 12 Minuten in der Sauna.
- Tauche nicht ins Eisbad. Dusche dich lieber vorsichtig kühler ab.

- Dampfsaunen solltest du mit Vorsicht genießen. Der Kreislauf wird dort stärker belastet als bei trockener Hitze.
- Mindestens 20 Minuten Pause solltest du zwischen den einzelnen Saunagängen machen.

Starte am besten erst mal mit der 60 Grad Biosauna. Auf die finnische Sauna, die 90 Grad warm ist, solltest du besser verzichten. Es empfehlen sich kurze Aufenthalte. Generell lässt sich sagen, wenn du vor der Schwangerschaft regelmäßig in der Sauna geschwitzt hast, wirst du das auch jetzt wahrscheinlich gut vertragen. Auch die Infrarotkabine kann dich wohlig entspannen.

46. Idee: Leben im Hier und Jetzt

„Unsere Verabredung mit dem Leben findet im gegenwärtigen Augenblick statt. Und der Treffpunkt ist genau da, wo wir uns gerade befinden."

— Buddha

Achtsamkeitsübungen für das Verweilen im Hier und Jetzt habe ich bereits am Anfang des Buches erläutert. Hier habe ich dir ein paar Übungen zusammengestellt, die dir ermöglichen, das Leben im Moment zu genießen und Kraft zu schöpfen.[40]

1. Übung: Die Kraftübung der Sinne

Besinne dich auf deine Sinne. In dieser Übung darfst du riechen, schmecken, tasten, hören und sehen.

Am Anfang beginnst du nur mit tasten, hören und riechen (sehen verleitet oft zum Grübeln, von dem wir ja weg wollen).

Atme tief durch. Kümmere dich nicht mehr um das, was du eben noch gedacht hast. Schließe deine Augen. Konzentriere dich auf die Temperatur, die du fühlst (Tastsinn). Was hörst du für Geräusche (Hörsinn)? Wonach riecht es (Geruchssinn)?

Diese Übung dauert nur zwei Minuten und ist einfach umzusetzen. Versuche, sie einmal täglich zu absolvieren. Schon bald wirst du merken, dass du ruhiger und entspannter durch deinen Alltag spazierst.

<u>2. Übung: Bewusst atmen</u>

Konzentriere dich zehn Minuten lang auf deinen Atem. Bemerke wie deine Bauchdecke sich hebt und senkt. Schalte alle anderen Gedanken aus. Lass los. Du bist vollkommen im Hier und Jetzt. Dein Fokus liegt ganz allein auf das Atmen. Wenn die Gedanken abschweifen, komme wieder zurück zu deinem Atem.

47. Idee: Babynamen überlegen

Du brauchst dazu:
Ein Namensbuch (z. B. aus der Bibliothek) oder ein Namensverzeichnis aus dem Internet.

Die Qual der Wahl: Wie soll dein kleiner Schatz heißen? Wisst ihr schon, ob es ein Mädchen oder ein Junge wird? Magst du vielleicht außergewöhnliche oder besonders altmodische Namen? Erstelle selbst oder mit deinem Partner zusammen eine Liste, die ihr in der Zeit der Schwangerschaft befüllen könnt. Oder jeder macht seine ganz eigene Namenswunschliste, die ihr euch anschließend gegenseitig vorlest. Mal sehen, ob es Übereinstimmungen gibt!

Kleiner Tipp:
Bewahre diese Namensliste als Erinnerung für dich und später für dein Kind auf.

48. Idee: Babymassagekurs buchen

„Berührungen sagen: Du bist nicht allein."

– Unbekannt

Falls du dich für einen Babymassagekurs interessierst, solltest du ihn bald buchen, da es oftmals eine begrenzte Anzahl von Plätzen gibt.

Babys, die regelmäßig Hautkontakt haben und massiert werden, sind häufig aufmerksamer, neugieriger und gesünder.[41] Die Entwicklung des Babys wird maßgeblich gefördert und unterstützt. Der Blutkreislauf und der Stoffwechsel werden angeregt. Mit gezielten Handgriffen wirst du in der Lage sein, die Körperfunktionen deines Babys positiv zu begleiten. Die heilsame Wirkung des Berührens, Knetens und Streichelns ist in vielen Kulturen bekannt. Ihren Ursprung hat die Babymassage wahrscheinlich in Indien.

Diesen Kurs lege ich dir sehr ans Herz. Aus eigener Erfahrung weiß ich, dass Babys Hautkontakt lieben. Vor einigen Jahren habe ich selbst an einem Babymassagekurs teilgenommen und kann sagen, dass es eine wundervolle Erfahrung für mein Baby und mich war. Meine Kleine quietschte vor Vergnügen, wenn ich sie nach Anweisung einölte und massierte. Sie genoss die volle Aufmerksamkeit, die sie von mir erhielt.

Du kannst in dem Kurs wertvolle Dinge lernen, die du auch in deinen eigenen vier Wänden umsetzen kannst.

49. Idee: Herztöne aufnehmen

Wenn der nächste CTG-Termin auf dem Kalender steht, nimm dein Handy mit. In Absprache mit den Arzthelferinnen kannst du die Herztöne deines Kindes aufnehmen. Eine Erinnerung für die Ewigkeit.

50. Idee: Schwangerschaftspass für Väter basteln

Warum soll es nur Pässe für werdende Mütter geben? Mit etwas Geschick kannst du dem zukünftigen Papa einen persönlichen Pass ausstellen. Darin könnten wertvolle Tipps enthalten sein, die deinem Partner das Vaterwerden erleichtern. Wie wäre es mit verschiedenen Checklisten zum Thema Schwangerschaft und Geburt? Du kannst Daten eures Kindes von deinem Mutterpass in den Vaterpass übertragen. Du könntest dir natürlich auch selbst einen Vorteil verschaffen: Gib deinem Mann einen Wink mit dem Zaunpfahl, indem du zum Beispiel vermerkst, wie absolut „lebensnotwendig" ausgedehnte und liebevolle Massagen für eine schwangere Frau sind. Oder du verweist darauf, wie extrem wichtig es ist, sofort zum Kühlschrank zu sprinten, wenn die Schwangere von der nächsten Heißhungerattacke überrollt wird. Trau dich, deinen Bonus als Schwangere auszuspielen! Sei ruhig auch mal eigennützig. Lasse deiner Fantasie freien Lauf. Ich bin mir sicher, dass dir etwas Lustiges einfällt, das deinen Partner zum Schmunzeln bringt.

51. Idee: Kinderlieder aufnehmen

Nimm Kinderlieder auf einer CD oder einem MP3-Stick auf oder lade welche herunter. Überlege, was du später deinem Kind vorspielen möchtest. Du kannst bekannte Lieder wie

"Alle meine Entchen", "Fuchs, du hast die Gans gestohlen", "Hänschen klein", und "Backe, backe Kuchen" wählen oder moderne Kinderlieder aufnehmen.

Stell dir dabei vor, wie dein Kleines begeistert bei den Songs in die Hände klatschen wird!

52. Idee: professionelle Zahnreinigung

Ist dir das Sprichwort "Ein Kind - ein Zahn" geläufig?

Achte in deiner Schwangerschaft gut auf deine Mundhygiene. Ab der 13. Schwangerschaftswoche kannst du zum Beispiel eine professionelle Zahnreinigung vornehmen.[42] Eine optimale Zahnpflege ist nun äußerst wichtig für dich, da die hormonelle Umstellung auch deine Zähne und dein Zahnfleisch trifft. Dein Bindegewebe wird aufgelockert und deine Blutgefäße geweitet. Bakterien gelingen dadurch leichter zum Zahnfleisch. Deswegen kann es sein, dass du im schwangeren Zustand nun zu Zahnfleischblutungen und Entzündungen in der Mundhöhle neigst.

Die meisten Krankenkassen übernehmen während der Schwangerschaft die Kosten einer professionellen Zahnreinigung.

53. Idee: Gönne dir eine Fußpflege – Liebe Grüße an die Füße!

Bevor dein Baby zur Welt kommt, solltest du dich noch mal so richtig pflegen und deinen lieben Füßen einmal einen Dank aussprechen. Dein Körper leistet momentan Schwerstarbeit. Geschwollene Beine und Füße, Hornhaut und Hühneraugen sind da leider keine Seltenheit. Verwöhne und pflege deswegen deine Füße gründlich. Sie haben es sich verdient! Eine entspannende Pediküre kann dein körperliches und seelisches Wohlbefinden deutlich verbessern. Gehe in ein Studio, das sich mit Pediküre während der Schwangerschaft auskennt. Dort wirst du deinen Füßen das zurückgeben können, was sie täglich für dich leisten.

54. Idee: Essiggurke mit Schokocreme essen

Du brauchst dazu:

Essiggurke, Schokocreme und Appetit, wie nur eine Schwangere ihn haben kann.

In der Schwangerschaft entwickeln viele Frauen ganz eigene Essensvorlieben. Oft erkennt sich die Schwangere dabei selbst nicht. Vielleicht konntest du noch vor der Schwangerschaft etwas nicht ausstehen, was du jetzt total gerne isst oder andersrum. Lass uns diese besonderen Essensvorlieben in der Schwangerschaft feiern! Widmen wir uns dem bekannten „Schwangerschaftsessen" Essiggurke mit Schokocreme. Probiere es einfach Mal aus. Wenn nicht jetzt, wann dann?

Nach dieser Befriedigung der Gelüste fühlst du dich so richtig schwanger! Wetten?

Aber wenn dir beim Gedanken daran übel wird, dann lass es bitte oder bereite dir deine ganz eigene „typisch schwanger" Mahlzeit vor.

55. Idee: Mach ein Sitzbad mit Heublumen

Du brauchst dazu:
Heublumen

Besorge dir ab der 37. Schwangerschaftswoche Heublumen aus der Apotheke für ein Dampfbad, um dich auf die Geburt optimal vorzubereiten. 1- bis 2-mal die Woche kannst du das Bad anwenden. Deine Muskulatur kann sich durch die Anwendung entspannen. Dein Gewebe wird geschmeidiger und dehnbarer. Auch die Durchblutung in den Genitalien wird angeregt.

Fülle eine Handvoll Heublumen in kochendes Wasser in eine Schüssel. Stelle diese Schüssel in die Toilette und setze dich darauf. Sei anfangs vorsichtig und teste, ob es nicht zu heiß ist. Bleibe dann 10 bis 15 Minuten über dem Dampfbad sitzen. Solltest du eine Allergie gegen Gräserpollen haben, rate ich dir von der Durchführung eines Heublumendampfbads dringend ab. Spreche vor der Anwendung am besten mit deinem Arzt oder Hebamme darüber.

56. Idee: Gestalte ein T-Shirt mit verbleibenden Wochen bis zum Geburtstermin

Dazu brauchst du:
Ein weites T-Shirt und Textilstifte.

Um deine Umgebung zu informieren und lästigen Fragen aus dem Weg zu gehen, kreierst du dir deinen Countdown bis zum errechneten Geburtstermin einfach auf ein T-Shirt. Die Zahlen 1 bis 40 kannst du in Kästchen malen. Sie signalisieren die Schwangerschaftswochen. Jede Woche kannst du mit einem Textilmarker die Wochen abstreichen.

Schwupps, alle sind informiert und behalten den Überblick!

57. Idee: Strampelsack selber nähen

Behütet und geborgen wird sich dein Neugeborenes fühlen, wenn es sich in deinen selbst genähten Pucksack kuscheln darf.[43] Für einen gleichbleibenden Wärmehaushalt des Kleinen ist hier gesorgt.

Du brauchst dazu:
Außen- und Innenstoff, Bündchenware, Stoffschere, Rollschneider, Stecknadeln, Klipse, Schneiderkreide, Stift, Lineal, Nähmaschine, Overlock, Nähgarn, Nähnadel zum Schließen der Wendeöffnung mit Leiterstich (optional), Papier und Stift.

Schnittmuster und Anleitungen sind zahlreich im Internet vertreten. Hier findest du ein Beispiel mit Schnittmuster und Anleitung: https://naehmaschine.de/pucksack-naehen/

Ich sage euch, Mädels: Auch ich, als totale Nähanfängerin, hatte viel Spaß, meinem süßen Schatz so einen Strampelsack zu nähen.

Also, probiert etwas Neues aus und sucht euch einen schönen Stoff nach eurem Geschmack aus und ran an die Nähmaschine!

58. Idee: Gestalte eine schöne Mutterpasshülle

Du brauchst dazu:
Eine Platte Filz, Nähmaschine, Lineal, Schere, Stift, Garn, Druckknopf zum Einschlagen und Dekoration nach Wahl.

Der Mutterpass enthält Ultraschallbilder von deinem kleinen Wunder sowie sämtliche Daten und Untersuchungstermine über dich und deinen Schatz. Das Dokument wird dich die gesamte Schwangerschaft über begleiten. Da bietet es sich an, den Pass aufzuhübschen.

Beispielsweise kannst du eine schöne Hülle aus Filz nähen. Die Maße dafür entnimmst du deiner Mutterpasshülle aus Plastik. Du misst sie einfach aus und gibts noch 1 Zentimeter Nahtzugabe mit darauf. Meistens sind das dann 27 x 19 Zentimeter. Dann brauchst du noch zwei kleine Stücke für die Einsteckseiten. (Höhe des Passes und Einsteckseite ausmessen.)

Schneide den Filz wie oben beschrieben zu. Dann schneidest du die Lasche (Verschluss) zu. Hierfür schneidest du einen Streifen mit den Maßen 2 x 5 Zentimeter zu. Nun kannst du nach deinem Geschmack Dekorationen an der Außenseite der Hülle anbringen. In der Mitte der Rückseite nähst du als Nächstes die Lasche fest. Anschließend schlägst du den Druckknopf ein. Zum Schluss legst du die kleinen Filzstücke innen an den Kanten links auf links an und nähst sie entlang der Außenkanten fest.

Fertig ist deine schnucklige, individuelle Mutterpasshülle!

59. Idee: Friseurbesuch

Es wird wahrscheinlich Zeiten geben, in denen du dich während der Schwangerschaft nicht so wohlfühlen wirst. Besonders gegen Ende der Schwangerschaft haben viele Schwangere mit Wasseranlagerungen in den Beinen, dem zunehmenden Gewicht und dem wachsenden Babybauch zu kämpfen. Tue dir etwas Gutes und vereinbare noch vor der Geburt einen ausgiebigen Friseurtermin, bei dem du dich verwöhnen lässt. Während der Schwangerschaft musst du keinesfalls auf schöne Haare verzichten.

60. Idee: Survival-Kit für werdende Papas (oder Partner)

Bist du auf der Suche nach einem passenden Geschenk für deinen Liebsten? Möchtest du, dass er sich ausgeschlafen und voller Tatendrang um seinen Nachwuchs kümmert? Ob zum Geburtstag, zu Weihnachten oder einfach nur für die richtige Einstimmung zum Papa sein: Gestalte deinem Schatz ein praktisches Survival-Kit. In die Erste-Hilfe-Tasche kannst du Ohrstöpsel, Nasenklammern für das Wickeln, ein Nackenkissen, eine Schlafmaske, eine Anleitung zum Powernapping, einen Beruhigungstee, Anweisungen zum Wickeln usw. hineinlegen. Vielleicht hast du auch noch bessere Ideen? Auf jeden Fall ist dieses Geschenk originell, lustig und kreativ.

61. Idee: Wickeltasche selbst nähen

Nähe eine süße Wickeltasche für deinen Nachwuchs! So eine Tasche in bunten Farben bringt sofort gute Laune und ist wirklich praktisch. In ihr kannst du alles verstauen, was du zum Windeln wechseln benötigst: Windeln, Feuchttücher, Babypopocreme, Babyöl, eine kleine Wickelunterlage und ein kleines Spielzeug finden in deiner Wickeltasche Platz. Noch dazu ist es kinderleicht, sie selbst zu nähen. Auch als Anfängerin im Nähen wird dir diese nützliche Tasche für dein Baby garantiert gelingen.

Diese Stoffe eignen sich hervorragend, um aus ihnen eine Windeltasche zu nähen[44]:

- Baumwollstoffe (z.B. Chambray-Stoffe oder Kokka-Stoffe)
- Leinenstoffe
- Cordstoffe
- Jeansstoffe
- Canvas
- Dekostoffe
- Tyvek

Außerdem brauchst du ein Gummiband und Stecknadeln. Suche im Internet nach Schnittmustern und Anleitungen. Dort findest du detaillierte Beschreibungen von Näheexperten.

Hier habe ich für dich eine mögliche Anleitung herausgesucht: https://sewsimple.de/windeltasche-naehen-anleitung/

62. Idee: Geburtsplaylist vorbereiten – Pressen mit den richtigen Beats!

Du brauchst dazu:
Ein Smartphone und Internet. Eventuell eine CD.

Wähle für dich passende Songs, die dich in den Kreißsaal begleiten sollen. Du kannst sie auf deinen MP3-Player laden, eine CD brennen oder eine Playlist für dein Handy erstellen.

Achte darauf, dass verschiedene Arten von Musik dabei sind. Du weißt jetzt noch nicht, was für dich in den Stunden der Geburt passend ist. Erstelle einen Mix aus fröhlichen, entspannten, lustigen, langsamen und peppigen Liedern.

Wie wäre es mit "Under Pressure" von Queen? Oder "Push it" von Salt-N-Pepper?

63. Idee: Greifball für dein Baby selber machen

Du brauchst dazu:
eine Schere, ein altes T-Shirt, Textilkleber, einen Zirkel (oder einen runden Gegenstand), etwas Pappe, einen Bleistift und ein Lineal.

Zunächst zeichnest du zweimal zwei ineinander liegende Kreise auf die Pappe. Der äußere Kreis hat einen Radius von ca. 7,5 Zentimetern, der innere von 3 Zentimetern. Schneide sie aus, sodass man einen Ring erhält. Das alte Shirt nun kreisförmig in Streifen schneiden (ca. 1,5 bis 2 cm breit). Lege beide Kreise übereinander und wickle die T-Shirtstreifen gleichmäßig um den Ring, bis in der Mitte nur noch ein kleines Loch vorhanden ist.

Schneide nun den Pompon am Rand zwischen den zwei Pappschablonen auf. Lege dann einen festen Faden dazwischen und verknote ihn. Zum Schluss entfernst du die Pappschablonen. Die Mitte des Balles kannst du mit Kleber betupfen, um die Fäden zu fixieren.

Mit dem Greifball wird dein niedlicher kleiner Fratz sehr viel Spaß haben. Sobald er greifen und tasten kann, wird das selbst gemachte Spielzeug das absolute Highlight sein, wetten?

64. Idee: Batike Babyklamotten

Du brauchst dazu:
Babykleidung, Schnüre zum Abbinden, Batikfarbe, Fixierer und eine Waschmaschine.

Eine Batiksession macht super viel Spaß. Es ist faszinierend, was für tolle Muster und Farbspiele auf schlichten, gewöhnlichen Kleidungsstücken entstehen können.

Besorge dir niedliche Kleidung in Weiß für dein Baby. Bodys, Strampler, Söckchen, Mützchen, Oberteile, Höschen, Strumpfhosen und vieles mehr gibt es in neutralen Weißtönen. Daraus kannst du ganz leicht fröhliche bunte Anziehsachen für dein Kleines zaubern.

Wenn du die Batikfarben kaufst, achte darauf, dass ein Fixierer mit enthalten ist. Ansonsten kannst du ihn auch extra dazu kaufen. Der Fixierer ist wichtig, da sich ansonsten deine Kleidung später verfärben.

Im Sommer kannst du auch gut draußen in großen Töpfen deine Sachen einfärben. Meiner Meinung nach gestaltet sich die ganze Prozedur aber in der Waschmaschine deutlich einfacher.

Zuerst kommt das Abbinden. Dazu schneidest du dicke Schnüre zurecht. Die Länge richtet sich danach, wie groß du die Fläche haben möchtest, die weiß bleiben soll. Ich mache das meistens nach Gefühl, mal 10 Zentimeter, mal 20 Zentimeter lang. Dann beginnst du Kreise abzubinden. Auch Streifen sind möglich. Besonders geeignet für Streifen sind Hosenbeine oder Ärmel. Sei kreativ und probiere einfach mal was aus. Das Ergebnis bleibt immer eine kleine Überraschung. Achte darauf, dass du die Bänder wirklich sehr festschnürst, damit keine Farbe an die Stelle gelangt. Wenn du alle Babysachen mit den Schnüren abgebunden hast, sortierst du sie. Am besten machst du für jede Farbe einen kleinen Haufen. Alles, was grün eingefärbt werden soll, kommt auf den einen Berg, alles, was lila werden soll, auf einen anderen usw.

Auch mehrere Farbkombinationen sind möglich. Das würde ich dir jedoch nur empfehlen, wenn du schon ein wenig geübt im Batiken bist. Die Kleidungsstücke werden dazu mehrmals gefärbt. Du solltest dafür das vorher gebatikte Stück abkleben oder abbinden. Ich nehme dafür festes Paketklebeband. So entstehen verschiedene Farben auf einem Kleidungsstück. Das Verfahren ist allerdings etwas aufwendig und erfordert ein wenig Geduld.

Nach dem Sortieren geht es los mit dem Färben. Du steckst die Klamotten für den ersten Farbgang einfach in die Waschmaschine, als wenn du waschen wollen würdest. Eine genaue Anleitung ist in der Packung enthalten. Nach der Färbung solltest du die Kleidungsstücke der jeweiligen Farbe noch einmal waschen, bevor du mit dem nächsten Farbwaschgang fortfährst.

Bis du deine Babybekleidung in mehreren Farben gebatikt hast, dauert es verständlicherweise eine Weile. Du kannst die Batiksession auf mehrere Tage verteilen oder einen kompletten Batiktag einlegen. Mir hat das mit einer Freundin, die auch gerade schwanger war, gemeinsam immer sehr viel Spaß gemacht. Wir haben es tatsächlich fertiggebracht, eine ganze Nacht durchzubatiken.

65. Idee: Schreibe eine Vorbild-Liste

Du brauchst dazu:
einen Zettel und einen Stift.

Was für ein Vorbild möchtest du für deine Kinder einmal sein? Wie soll dein Kind bzw. deine Kinder dich wahrnehmen? Was soll wichtig für dein Kind sein? Welche Werte möchtest du deinem Kind mit an die Hand legen? Möchtest du etwas an dir verändern? Vielleicht hast du eine Gewohnheit, die nicht so ganz vorbildlich sein könnte und dich schon länger selbst stört?

In den ersten Lebensjahren wird sich dein Kind insbesondere an dir und deinem Partner orientieren. Ihr werdet ihm zeigen, was richtig und falsch ist im Leben und prägt seine Gewohnheiten und Ansichten. Ihr werdet eurem Kind Werte und Verhaltensweisen vermitteln. Du wirst als Mutter also ganz automatisch zu einem Vorbild, ob du das möchtest oder nicht. Sei dir bewusst, dass der Einfluss, den du auf dein Kind haben wirst, sehr groß sein wird. Sehe es als positive Herausforderung an, deinem Kind das Beste mitzugeben.

Von Geburt an ahmen Kinder das Verhalten der Eltern nach. Das ist deine Chance, deinem Kind bestimmte Werte und Einstellungen zu vermitteln. Dazu braucht es keine besonderen Erziehungsmaßnahmen. Wenn du ein gutes Vorbild bist, lernt dein Kind ganz von allein von dir. Es wird anfangen, dich zu kopieren.

In den ersten sieben Jahren lernen Kinder unglaublich viel. Hier ist Nachahmung die Lernmethode Nummer 1. Wenn du dich zum Beispiel geduldig im Umgang mit anderen Menschen zeigst, liebevoll und respektvoll mit deiner Umwelt umgehst und Wert auf eine gesunde und nachhaltige Lebensweise legst, wird dein Kind mit einer hohen Wahrscheinlichkeit diese Verhaltensweisen auch übernehmen.

Da junge Kinder wenig Vergleichsmöglichkeit haben, übernehmen sie völlig unkritisch bestimmte Verhaltensmuster ihrer Eltern.

Deswegen ist es wichtig, dass du dir selbst darüber Gedanken machst, ob dein Verhalten dem entspricht, was du deinem Kind als Wertvorstellung mitgeben möchtest.

Schreibe dafür eine Liste mit Dingen, die du deinem Kind auf jeden Fall vermitteln möchtest. Es ist gut, wenn du dir jetzt schon Gedanken darüber machst. Beziehe, wenn es möglich ist, deinen Partner mit ein. So könnt ihr, wenn das Kind da ist, an einem Strang ziehen.

66. Idee: Buche einen PEKiP-Kurs

Das Prager-Eltern-Kind-Programm, kurz PEKiP genannt, befestigt die Beziehung zwischen Eltern und Baby.[45] Die Babys sind dabei vier bis sechs Wochen alt. Sie dürfen ganz ohne Kleidung im warmen Raum mit ihren Eltern spielen.

Diese Frühförderung stammt aus den 70er-Jahren und wird von Hebammen, Volkshochschulen und dem Deutschen Roten Kreuz angeboten.

Im Kurs werden Spiele gespielt, die die Sinne des Säuglings anregen und zur Bewegung auffordern.

Wenn du dich für einen PEKiP-Kurs interessierst, solltest du schon während deiner Schwangerschaft Kontakt zu einem Veranstalter aufnehmen, da die Kurse sehr beliebt und oft schon frühzeitig ausgebucht sind.

67. Idee: Bastel eine Trink-Kette

Du brauchst dazu:
ein altes T-Shirt und eine Schere (evtl. Holzperlen).

Egal ob du stillen wirst oder dein Baby das Fläschchen bekommen wird, du wirst es wahrscheinlich schnell merken:

Die Babyhand möchte beschäftigt werden. Bei mir werden immer die Haare umklammert. Manchmal wird auch sehr fest daran gezogen. Einige Babys verpassen im Eifer des Gefechts der Mama unbeabsichtigt eine Ohrfeige.

Abhilfe schafft eine Stillkette, die das Baby während des Milchtrinkens beschäftigt. So eine Kette kannst du ganz einfach selbst basteln. Du brauchst nur ein T-Shirt, das du nicht mehr trägst.

Und so gehts[46]:

Schneide den Kragen, die Ärmel und den unteren Saum ab. Dann schneidest du den Stoff in ungefähr gleich große Streifen ein (Aber nicht komplett durchschneiden!). Die Streifen sollten in etwa zwei Zentimeter breit sein. Abmessen ist hier nicht erforderlich. Dein Augenmaß ist völlig ausreichend. Du lässt auf der einen Seite des Shirts einen Rand, an dem nicht geschnitten wurde. Nun machst du aus den Streifen eine Art Band. Dazu schlüpfst du mit deinem Arm durch beide Stofflagen am Rand durch. Dadurch erkennst du gut, wo du nun als nächstes schräg schneiden musst. Durch schräge Schnitte werden jetzt die Stoffstreifen gewissermaßen miteinander verbunden (keine Panik, es klingt kompliziert, ist aber wirklich nicht allzu schwer umzusetzen). Sobald du das letzte Ende durchtrennt hast, erhältst du ein langes Stoffband. Aus diesem Band zauberst du nun Textilgarn, indem du das Band in die Länge ziehst. Durch das Ziehen rollen sich die Stoffkanten nach innen. Jetzt sollte ein Garnhaufen vor dir liegen. Diesen Haufen wickelst du auf und knotest die Enden zusammen. Wenn du magst, kannst du bei diesem Schritt auch noch Holzperlen auffädeln.

Eine noch interessantere Variante kannst du kreieren, indem du weitere Garnbänder herstellst und diese dann miteinander verflechtest. T-Shirts in verschiedenen Farben ergeben eine bunte Kette.

Fertig ist dein selbstgemachter Loop! Dein Baby wird bestimmt Freude daran haben. Nicht nur beim Füttern, auch während des Tragens stellt dieser interessante Schal eine tolle Beschäftigungsmöglichkeit für dein Baby dar.

68. Idee: Schwimmen, Schwimmen, Schwimmen – das Element Wasser

„Wasser ist ein Kulturträger. Und es ist unsere Quelle: Wir selbst bestehen zu über 70 Prozent aus Wasser."

– Fabrizio Plessi

Sport in der Schwangerschaft? Ja, gerne! Vielleicht solltest du nicht unbedingt Bungeejumping, Luftakrobatik oder Wildwasser-Rafting betreiben. Aber Mal Spaß bei Seite. Bewegung in Maßen tut unglaublich gut und ist gesund für dich und deinen Zwerg im Bauch!

Regelmäßige Bewegung senkt den Blutdruck und wirkt Schwangerschaftsdiabetes und Präeklampsie entgegen.[47]

Ideal ist Schwimmen. Warum? Die Belastung deiner Gelenke und die Gefahr von Stürzen ist im Wasser auf ein absolutes Minimum reduziert. Insbesondere gegen Ende deiner Schwangerschaft sind deine Sehnen, Bänder und Muskeln hormonbedingt sehr weich und können dadurch leichter beschädigt werden. Wenn du eine komplikationsfreie Schwangerschaft hast und dein Kreislauf stabil ist, kannst du ohne Probleme 2- bis 3-mal die Woche mindestens eine halbe Stunde im kühlen Nass drehen.

69. Idee: Krabbeldecke nähen

Nähe deine eigene süße Krabbeldecke! Bald wirst du sie brauchen!

Wenn du dir deine Krabbeldecke selber nähst, hat das den großen Vorteil, dass sie nicht nur günstiger als eine gekaufte Decke ist. Du kannst sie außerdem individuell nach deinen Bedürfnissen schneidern.

Du bestimmst die Größe, das Material und die Farbvariationen.

Lustig ist zum Beispiel eine Patchworkdecke mit spannenden Erlebnisfeldern. Dabei kannst du Fühlfelder aus Fell, knisternde Elemente, aufgenähte Motive aus Frottee oder vielleicht etwas, das quietscht, einbauen.

Tolle Anleitungen mit kostenlosen Schnittmustern habe ich hier für dich gefunden:

- https://www.herzelei.de//patchwork-krabbeldecke-mit-erlebnisfeldern-naehen/
- https://kreativfieber.de/diy-krabbeldecke-selbermachen/
- https://funkelfaden.de/diy-eine-krabbeldecke-fuer-ein-baby/

70. Idee: Fahre mit deinem Partner in den Urlaub

„Die Welt ist ein Buch. Wer nie reist, sieht nur eine Seite davon."

— Augustinus Aurelius

Mache noch einmal Urlaub mit deinem Partner. Wenn es euer erstes Kind ist, das ihr erwartet, genießt noch die Zeit der Zweisamkeit in vollen Zügen!

Alternativ kannst du auch mit einer guten Freundin oder gutem Freund in den Urlaub fahren oder du lässt ganz allein deine Seele baumeln, zumal du mit deinem Baby im Bauch nie allein bist.

71. Idee: Mache Aufnahmen von den Kindsbewegungen

Manchmal kann man die Kindsbewegungen in deinem Bauch sogar als Außenstehender beobachten. Nimm doch mal ein kleines Filmchen mit einer Kamera oder deinem Handy auf. Das wird eines Tages eine lustige Erinnerung abgeben!

72. Idee: Male ein Willkommensbild für dein Kind

Du brauchst dazu:
ein großes Blatt Papier, eventuell eine Leinwand, Pinsel und Farben.

Heiße deinen Nachwuchs mit einem selbstgemalten Bild herzlich willkommen. Schön ist es, wenn beide Elternteile in der Aktion involviert sind, denn es geht hier nicht nur um das Ergebnis, sondern um den Schaffensprozess an sich. Ihr als zukünftige Eltern könnt bei dem Projekt zusammenwachsen und eure Beziehung wird eine tiefere Ebene erfahren. Du kannst das Bild aber auch selbst malen und dich voll und ganz auf dich und dein Baby fokussieren oder eine Freundin miteinbinden.

Bei dem Willkommensbild wird nicht zwangsläufig ein typisches Babybild entstehen. Das hat den großen Vorteil, dass das zeitlose Gemälde später immer noch von Bedeutung für euch sein wird.

Zeigt eurem Baby eure Wertschätzung und Liebe mit einem persönlich von euch erstellten Bild. Es wird auch später für euer Kind ein tolles Gefühl sein, wenn es weiß, dass es sehnlich von euch erwartet wurde!

Im Internet findest du fertige Sets für ein "Hello-Baby-Willkommensbild"[48]. Darin enthalten sind Materialien und Beschreibungen, die euch Anregungen und Tipps für die Malerei geben. Auch für Ungeübte eignen sich die Sets hervorragend. Sogar Eltern, die noch nie in ihrem Leben einen Pinsel in der Hand gehalten haben, sind von dem Kunstprojekt begeistert! Probiert es aus! Euer Kind wird die Farben lieben!

73. Idee: Schenke deinem Kind einen echten Stern

„Wer in die freudigen Augen eines Neugeborenen blickt, der sieht die tiefe Liebe des Universums."

— Unbekannt

Dein Kind ist etwas ganz Besonderes für dich? Einzigartig? Fantastisch? Geheimnisvoll? Schenke deinem Kind einen Stern am Himmel! Welches symbolische Geschenk könnte schöner sein? Wenn der Stern dann noch den Namen deines Kindes trägt, ist das Geschenk für die Ewigkeit perfekt. Wie wird dein Kind staunen, wenn es erfährt, dass es einen eigenen Stern hat!

Wenn du den Stern jetzt schon kaufst, kannst du ihn abends voller Vorfreude am Himmel bestaunen.

Der Stern wird in das offizielle Sternenregister eingetragen, sobald du ihn erworben hast. Du erhältst dann eine Urkunde, eine Sternenkarte und ein Foto des Sterns.[49] Besonders helle und gut sichtbare Sterne sind etwas teurer als welche, die man auf den ersten Blick nicht so gut erhaschen kann. Der Preis steigt außerdem, wenn dein Stern zu einem bekannten Sternbild gehört. Du musst mit ungefähr 30 bis 200 Euro rechnen. Online findest du zahlreiche Sternverkäufer. Achte darauf, dass dein Stern auch wirklich ins Register eingetragen wird.

74. Idee: Babymützchen häkeln

Du brauchst dazu:

Häkelnadeln, 50-Gramm-Knäuel Wolle, Maßband, Schere, Nähnadel mit stumpfer Spitze.

Wenn du Naturfasern benutzen möchtest, solltest du zu Baumwolle oder Schurwolle greifen. Baumwolle ist oft angenehmer zu tragen, da sie nicht am Kopf kratzt. Außerdem ist sie sehr pflegeleicht. Zu bedenken ist allerdings, dass Wolle aus Tierhaaren besser wärmt. Mit Liebe selber gemacht, ist so eine Babymütze nicht nur nützlich, sondern gleich doppelt so schön. Auch als Häkelanfängerin kriegst du so eine niedliche Kopfbedeckung bestimmt hin. Bei einem Neugeborenen beträgt der Kopfumfang ungefähr 35 bis 37 Zentimeter.

<u>Anleitung[50]:</u>

Du häkelst von oben nach unten in Runden. Die einzigen Maschen, die du können musst, sind Kettmaschen, Luftmaschen und feste Maschen.

Für die Babymütze schlägst du vier Luftmaschen an. Anschließend häkelst du eine Kettmasche, mit der du die

Luftmaschen zum Ring schließt. Die erste Runde startest du mit einer Luftmasche für den Übergang. Danach verdoppelst du deine Maschen vom Anschlag. Dafür häkelst du in jede Luftmasche zwei feste Maschen. Am Ende dieser Runde hast du dann acht feste Maschen. Auch diese Runde beendest du mit einer Kettmasche.

Mütze oben:

Du nimmst am oberen Kopfteil der Babymütze neue Maschen zu, damit der Umfang allmählich wächst. Für die Zunahmen verdoppelst du die jeweilige Masche. Zunächst häkelst du an der entsprechenden Stelle eine feste Masche in die Masche der Vorrunde. Anschließend stichst du noch einmal in dieselbe Stelle ein und häkelst eine zweite feste Masche. Außerdem arbeitest du in der oberen Hälfte in echten, geschlossenen Runden. Du beendest jede Runde mit einer Kettmasche und häkelst am Rundenbeginn immer eine Luftmasche als Übergangsmasche.

Zunehmen:

2. Runde: Nach der Übergangsmasche verdoppelst du alle Maschen der Vorrunde, indem du in jede Masche zwei feste Maschen häkelst = 16 Maschen.

3. Runde: Hier verdoppelst du jede zweite Masche. Du häkelst immer abwechselnd eine Masche als normale feste Masche und in die nächste Masche arbeitest du zwei feste Maschen = 24 Maschen.

4. Runde: Jede dritte Masche verdoppeln = 32 Maschen.

5. Runde: Jede vierte Masche verdoppeln = 40 Maschen.

6. Runde: Jede fünfte Masche verdoppeln = 48 Maschen.

Nach diesem Schema setzt du die Zunahmen fort, bis der benötigte Kopfumfang erreicht ist. In jeder Runde kommen also acht neue Maschen dazu. Gleichzeitig vergrößert sich der Abstand zwischen den Zunahmen jeweils um eine Masche.

Hat die Kappe der Babymütze den benötigen Kopfumfang erreicht, häkelst du in Spiralrunden weiter. Spiralrunden sind normale Runden ohne Anfang und Ende. Ab jetzt benötigst du deshalb die Kettmaschen und die Übergangs-Luftmaschen nicht mehr. Stattdessen häkelst du einfach immer rundherum eine feste Masche auf jede Masche der Vorrunde.

Das Mützchen gewinnt auf diese Weise an Länge. Ist die Babymütze lang genug geworden, häkelst du zum Schluss eine Kettmasche.

Nun schneidest du den Faden ab und ziehst ihn durch die Masche. Jetzt vernähst du nur noch die Fäden. Damit ist die Babymütze fertig und kann schon bald Babys Köpfchen wärmen.

75. Idee: Storch basteln

Du brauchst dazu:
Sperrholz (ca. 4 Millimeter breit), Schleifpapier, Laubsäge, Pinsel, Acrylfarben.

Ein alter Brauch ist es, einen Holzstorch vor dem Haus der frisch gebackenen Eltern aufzustellen.

Wenn du selbst gern Sachen aus Holz anfertigst, kannst du vorsorglich so einen hübschen Vogel bauen, den ihr dann aufstellt, wenn es so weit ist.

Ratsam ist es, eine Bastelvorlage für das Zuschneiden auszudrucken. So kann der Storch ganz einfach mit der Laubsäge ausgesägt werden.

Hier findest du eine Bastelvorlage: https://kreativ-zauber.de/storch-zur-geburt/

76. Idee: Veranstalte eine Babyparty

Die Babyparty ist heute als Babyshower bekannt. Die Party fürs Baby wird oft als Überraschung für die werdende Mama von Freundinnen organisiert. Du kannst sie jedoch auch selbst organisieren oder jemanden bitten, sie für dich zu planen. Üblicherweise wird diese Party 6 bis 8 Wochen vor dem Geburtstermin veranstaltet. Das Wort Shower bedeutet so viel wie Regen. Es regnet Geschenke über die Schwangere. Du kannst dich also bei einer Babyshower schon mal über einen Teil der Erstausstattung für den zukünftigen kleinen Windelträger freuen. Leckeres Essen, die richtige Deko, eine tolle Babytorte und lustige Spiele für den Zeitvertreib können deine Babyparty unvergesslich machen. Dabei steht der Spaß für dich als Bald-Mama im Vordergrund. Also kümmere dich nicht um zu viel Organisatorisches. Lass die anderen machen, lehne dich zurück und genieße deine Party!

77. Idee: Mache einen Vollmondtanz

Tanze um Mitternacht bei Vollmond 3-mal um ein Glas Orangensaft herum und werfe eine Zitrone in die Luft! So kannst du ganz sichergehen, dass du ein Mädchen bekommst! (Bitte nicht so ganz ernst nehmen.).

Bewege dich einfach so, wie es sich für dich gut anfühlt, zu deiner Lieblingsmusik. Lasse alles los, was dich zurzeit beschäftigt. Höre der Musik zu und tanze genauso, wie du es möchtest.

78. Idee: Wäscheleine vorbereiten

Nach alter Tradition werden zur Geburt Babysöckchen, Babyschuhe, Schnuller, kleine Höschen, Babymützchen usw. auf eine Wäscheleine im Garten (oder Balkon/Terrasse) gespannt, um die Nachbarschaft über die Geburt eines Kindes zu informieren.[51]

Einige Tage vor dem errechneten Entbindungstermin könnt ihr die Leine schon vorbereiten. Ein fürsorgliches Familienmitglied kann, wenn das Baby geboren wurde, die Wäscheleine im Garten, auf dem Balkon oder auf der Terrasse anbringen. So bekommen alle Leute, die bei euch vorbeigehen, die frohe Botschaft mitgeteilt.

79. Idee: Geburtsvorbereitungskurs besuchen

Ein Geburtsvorbereitungskurs wird dir Sicherheit geben. Zudem bietet er eine hervorragende Gelegenheit, um Gleichgesinnte kennenzulernen.

Auch dein Partner kann von dem Kurs durchaus profitieren. Besonders beim ersten Kind wird auch dieser verunsichert sein, was auf ihn zukommt und welche Rolle er beim Geburtsvorgang übernehmen kann.

Viele wissenschaftliche Studien belegen, dass ein Geburtsvorbereitungskurs große Vorteile für die werdende Mutter mit sich bringt. Das körperliche und mentale Wohlbefinden wird dabei gesteigert. Während des Kurses wirst du die richtige Atemtechnik, Beckenbodentraining und Fitnessübungen für den Rücken erlernen.

80. Idee: Fantasie-Reise zu deinem Baby

Reise gedanklich zu deinem Baby. Diese Reise ist wie eine Art Meditation und soll die Verbindung zwischen dir und deinem Kind stärken.

Stelle dir vor, wie du deinem Kind liebevoll begegnest, es in deine Arme schließt und sanft an dich drückst. Nehme dabei deine Gefühle wahr.

81. Idee: Deine Traumgeburt als Vision

Visualisiere deine Traumgeburt. Wie soll sie ablaufen? Möchtest du Musik dabei hören? Wer soll dabei sein?

Suche dir einen ruhigen Ort, an dem du ungestört bist. Schließe deine Augen und stelle dir vor, wie du dein Kind auf die Welt bringst. Stelle dir den Geburtsablauf so vor, wie er für dich perfekt wäre. Du darfst dir alles Mögliche ausmalen. Beispielsweise ist eine sanfte Geburt bei Sonnenschein und Vogelgezwitscher in deiner Vorstellung durchaus erlaubt. Auch wenn es später anders kommen sollte, so kannst du trotzdem durch diese Übung Kraft schöpfen. So wirst du zuversichtlich und mit weniger Zweifel oder Ängste in die Situation gehen.

82. Idee: Mache ein Blessing Way mit deinen Freundinnen

Eine Babyparty der besonderen Art ist die Blessing Way Party.[52] Sie ist in den USA bei den Navajo-Ureinwohnern entstanden und stellt eine Art Zeremonie dar, in der die werdende Mutter und das kommende Baby gefeiert und gestärkt werden.

Das Kind wird willkommen geheißen, gute Wünsche werden manifestiert und es wird eine besondere Verbindung unter den Teilnehmerinnen aufgebaut. Ein Blessing Way wird speziell für Frauen ausgerichtet. Sorry, Männer! Aber bei diesem wunderschönen Ritual wollen die Frauen nur unter sich sein. Hier wird die Weiblichkeit gefeiert und zelebriert!

Wenn du dir eine Blessing Way-Zeremonie wünschst, lasse sie von deinen Freundinnen organisieren. Bis auf Kleinigkeiten solltest du nichts vorbereiten müssen. Schließlich ist diese Feier wirklich für dich. Du wirst bei diesem Ritual im Mittelpunkt stehen. Es soll um dein Wohlbefinden gehen.

Üblicherweise werden beim Blessing Way spirituelle Frauenkreise gebildet, Blumenkränze geflochten, ein Festmahl eingenommen und stärkende Mantren gesprochen. Traditionell bringt jede Frau eine Perle zur Feier mit. Diese wird mit guten Wünschen gesegnet und zu einer Geburtskette gebastelt, die die werdende Mutter bei der Geburt tragen kann.

Frage deine Hebamme, ob sie sich mit dem Ritual auskennt. Wahrscheinlich kann sie Tipps geben oder sogar selber den Blessing Way mitgestalten.

Ist dir das zu viel Tradition, kannst du einfach die Punkte herausnehmen, die dir zusagen und die Party dementsprechend abändern.

83. Idee: Baby Spielbogen aus Holz selber bauen

Du brauchst dazu[53]:

- 4 Kanthölzer aus unbehandeltem Holz
  à ca. 75 x 3,6 x 1,8 Zentimeter
- Rundholz mit 2,8 Zentimeter Durchmesser und 65 Zentimeter Länge

- gerades Holzbrett, mind. 0,5 Zentimeter dick
- 2 x Hülsenmuttern M6
- 2 x Stockschrauben M6x80
- Acrylfarbe
- Kreppband
- 50 Zentimeter Baumwollkordel
- Anhänger aus Holzperlen und Beißringen
- verschiedene Metall-Glöckchen
- Schleifpapier
- Pinsel
- Stichsäge mit Sägeblatt für 36 Millimeter starkes Holz
- Bohrer mit 8 Millimeter und 6 Millimeter Durchmesser
- Schraubzwinge

Lust auf Sägen, Bohren, Schleifen, Streichen? Nur zu! Mit ein wenig handwerklichem Geschick kannst du einen wunderschönen Spielbogen für dein Baby zaubern.

Anleitung[54]:

Im ersten Schritt versiehst du die Kanthölzer mit einer Schräge, damit der Spielbogen später mit den unteren Kanten direkt und stabil auf dem Boden auf liegt. Du überkreuzt hierfür die zwei Hölzer in deinem gewünschten Winkel. Dann kommt ein weiteres Kantholz unten dran.

Du zeichnest die Linie mit einem Stift an. Wenn das Kantholz zugeschnitten wurde, kann es als Vorlage dienen. Mit der Schraubzwinge wird das Kantholz an einem Tisch befestigt. Es folgt ein gerader Schnitt mit der Stichsäge.

Jetzt bohrst du die Kanthölzer: Um später das Band durchziehen zu können und das Rundholz oben zu befestigen, müssen in die Kanthölzer zwei Löchern gebohrt werden. Auf der Höhe von ungefähr 1/3 des Holzes werden die Löcher für das Band gebohrt. Wiederhole diesen Vorgang mit einem kleineren Bohrer für die oberen Löcher.

Drehe die Schrauben ins Rundholz: Das Rundholz kannst du etwas vorbohren und anschließend die Stockschrauben vorsichtig ins Rundholz drehen.

Streichen:
Schleife deine Hölzer grob ab und entstaube sie nach dem Vorgang. Bemale die Hölzer in der Farbe deiner Wahl. Nachdem die Farbe getrocknet ist, lässt sich der Bogen zusammenstecken. Fädele die Anhänger auf das runde Holz, stecke die Kanthölzer zusammen und verschraube alles mit den Hülsenmuttern. Stelle erneut den Spielbogen auf und fädele erst dann das Bändchen ein. Dann kannst du die Enden endlich verknoten.

84. Idee: Koche eine kräftige Wöchnerinnen-Suppe

Nach der Geburt gibt es spezielle Gerichte, die dir helfen können, schnell wieder auf die Beine zu kommen. Koche einfach ein paar Mahlzeiten vor und friere diese ein. So kannst du bei Bedarf rasch etwas gesundes Aufwärmen.

Die Wöchnerinnen-Kraft-Suppe

Das entscheidende Merkmal der deftigen Brühe ist, dass nur frisches Gemüse und qualitativ hochwertiges Fleisch bei der Zubereitung verwendet werden. Dabei wird zunächst das Huhn über mehrere Stunden hinweg gegart. Anschließend wird die klare Hühnerbrühe mit Einlagen wie frischem Gemüse und verschiedenen Wurzeln versehen.

Ich habe ein Grundrezept für dich gefunden, das seinen Ursprung in der traditionellen chinesischen Medizin hat.[55] Diese Kraftsuppe ist sehr nährstoffreich. Hier kommt allerdings das Huhn erst am Schluss zum Einsatz.

Zutaten:

4 Liter Wasser
1 EL Thymian
1 Stück Sellerie
10 rote Datteln
1 frische Lotuswurzel
4 Kartoffeln
3 Möhren
1 Angelikawurzel
1 TL Liebstöckel (Maggikraut)
2 Knoblauchzehen
1 Prise Pfeffer
1 Stück frischen Ingwer
1/2 Tasse schwarze Bohnen (vor der Zubereitung über Nacht einweichen lassen)
2 Hühnerschenkel

Zubereitung:

Das Gemüse gut abwaschen. Die Zutaten werden der Reihe nach ins kochende Wasser gelegt. Nach jeder hinzugegebenen Zutat wartet man ab, bis das Wasser wieder am Siedepunkt ist. Die aufgeschriebene Reihenfolge muss unbedingt eingehalten werden, da ein gewisser Kreislauf nach chinesischer Tradition erst die richtigen Kräfte mobilisieren kann. Dabei spielen die fünf Wandlungsphasen von Holz, Feuer, Erde, Metall und Wasser eine große Rolle. Erst zum Schluss wird der Deckel auf den Topf gelegt, nachdem die festen Bestandteile entfernt wurden. Es bleibt nur die klare

Brühe übrig. Die Kraftsuppe wird über Tage verteilt in geringen Portionen getrunken.

85. Idee: Buche einen Rückbildungskurs

Schnapp dir noch vor der Geburt einen freien Platz bei einem Kurs für Rückbildungsgymnastik in deiner Nähe. Oft werden solche Kurse von erfahrenen Hebammen angeboten. Das ist sehr wichtig, damit du als frisch gebackene Mama wieder in Form kommst. Die ersten Wochen solltest du noch ruhig machen. Doch nach ungefähr 6 bis 8 Wochen kannst du mit der Rückbildung beginnen, um die Beckenbodenmuskulatur zu trainieren.[56] Wenn du einen Kaiserschnitt hattest, solltest du erst nach 8 bis 12 Wochen mit dem Training anfangen.[57]

PS: Deine Gebärmutter hat sich in den 40 Wochen Schwangerschaft um das 20-fache vergrößert.[58] Ganz schön viel, oder?

86. Idee: Fertige einen Traumfänger an

Besonders im letzten Drittel der Schwangerschaft schlafen viele Schwangere nicht besonders gut. Der große runde Bauch stört und unangenehme Ängste, die die Zukunft betreffen, können während der Nacht auftauchen.

Mit einem Traumfänger über deinem Bett kannst du symbolisch deine Albträume einfangen und zu einem besseren Schlaf gelangen. Der Traumfänger ist ein indianisches Kultobjekt.[59] Der Legende nach soll er in der Lage sein, nur die guten Träume durch das Netz zu lassen.

Du brauchst dazu[60]:

Einen Reifen aus Weide oder Metall, einen dicken Faden zum Umwickeln des Reifens, Fäden für das Netz, Blüten, Steine, Hölzer, Federn, Perlen.

Anleitung[61]:

Knote die dicke Wolle um den Reifen und umwickle ihn mehrmals. Zum Schluss verknotest du beide Enden. Das Netz fertigst du aus der dünneren Wolle. Dabei umspannst du deinen Reifen mit dem Faden und überkreuzt auf der anderen Seite den Faden. Ziehe dabei die Wolle schön fest. So geht es weiter, bis du dein Spinnennetz fertig hast. Zum Schluss wird es ein bisschen knifflig: Nun solltest du über deiner ersten Schlaufe noch eine Schlaufe machen, damit dein Kreis geschlossen ist. Zur Dekoration kannst du Perlen oder andere hübsche Gegenstände aufziehen. Wenn du dir unsicher bei den Knoten und Umdrehungen bist, findest du hier eine Videobeschreibung: https://www.naju-bw.de/freizeiten/naju-sommer-2020/kinderbereich-ein-storch-macht-urlaub/kapitel-5-der-stamm-der-oxmox/traumfaenger-basteln.php.

87. Idee: Melde dich und dein Baby zum Babyschwimmen an

Babyschwimmkurse sind oft weit im Vorhinein ausgebucht. Am besten sicherst du dir jetzt schon mal einen Platz für dich und deinen kleinen Liebling.

Babyschwimmen ist gut für die Entwicklung deines Kindes und stärkt die Bindung zwischen euch beiden.[62] Im warmen Wasser lässt es sich herrlich entspannen und ihr könnt euren Hautkontakt genießen. Bei einem Babyschwimmkurs werden die motorische Entwicklung und das soziale Miteinander gefördert. Eine Steigerung der allgemeinen

Zufriedenheit beim Baby ist häufig festzustellen. Außerdem verliert dein Kleines die Angst vor Wasser. Viele Babys mögen das Baden und Waschen überhaupt nicht gern. Nach der sanften Eingewöhnung im Wasser ist diese Angst meist wie weggewischt.

Wissenschaftler bestätigen, dass das frühe Bewegungstraining nicht nur die motorische, sondern auch die intellektuelle Entwicklung unterstützt.[63] Wasser ist das natürlichste Element für die Kleinen, da sie sich vor der Geburt im Fruchtwasser eingelebt hatten. Wenn dein Baby drei Monate alt ist, kann es losgehen mit der Plantscherei im Nassen!

88. Idee: Kinderzimmer einrichten

Du brauchst dazu:

Zeit, Kreativität und Lust dazu und eventuell Möbel, Dekoration oder Wandfarbe.

Es gibt viele Möglichkeiten, das Zimmer für deinen neuen Erdenbürger gemütlich einzurichten. Oder vielleicht soll es gar kein Kinderzimmer geben und du richtest einen kleinen Babybereich in deiner Wohnung ein. Überlege dir, ob du ein Babybettchen aufstellen möchtest oder das Baby die erste Zeit bei euch mit im Bett schlafen soll. Ihr könnt auch ein Beistellbettchen an euer Bett stellen. Das kann das nächtliche Stillen erleichtern. Wo soll gewickelt werden? Eigenes Kinderzimmer? Falls ja, wie soll die Einrichtung sowie die Wandfarbe & Co. aussehen?

Lasse dich im Internet oder Möbelgeschäften inspirieren. Es gibt so viele unterschiedliche Stile und Möglichkeiten, da kann man schonmal schnell den Überblick verlieren. Bleibe ruhig und gerate nicht in Stress. Es wird eine ganze Weile dauern, bis dein Kind tatsächlich in seinem Zimmer spielen wird.

89. Idee: Babyrassel selber anfertigen

Warum teures Spielzeug kaufen, wenn es doch so einfach und spaßig ist, selber welches herzustellen? Lasse deine Kreativität freien Lauf und bastele eine tolle Rassel für dein Baby!

Du brauchst dazu:
Holzperlen, Linsenperlen, Buchstabenwürfel zum Auffädeln, Motivperlen, Sicherheitsperlen, eine Schnur, einen Holz Halbring und ein Glöckchen.

In einem gut sortierten Bastelgeschäft erhältst du alles, was das Herz begehrt, um eine fröhliche Rassel zu kreieren. Es gibt auch Bastelpakete zu kaufen, die das komplette Zubehör enthalten.

Ich wünsche dir viel Spaß beim Basteln!

90. Idee: Mache Schwangerschafts-Pilates

Du brauchst dazu:
eine Matte und bequeme Kleidung.

Pilates in der Schwangerschaft kann zu einem positiven Körpergefühl beitragen.[64] Die Veränderungen deines Körpers kannst du dabei gelassen und trotzdem sehr bewusst wahrnehmen. Kraft, Balance und Beweglichkeit werden bei dieser Sportart gezielt gefördert. Das Beckenbodentraining dabei ist besonders sinnvoll in deinem Zustand. Außerdem wird bei den Übungen viel Wert auf eine gesunde, aufrechte

Körperhaltung gelegt. Äußerst wichtig beim Pilates ist die Aktivierung deines "Powerhouse". Es stellt gewissermaßen das Kraftzentrum deines Körpers dar. Beckenboden, Korsettmuskel, Zwerchfell und der vielspaltige Muskel an der Wirbelsäule sind die vier Muskelgruppen, die das Powerhouse ausmachen.

Du kannst in deiner Nähe einen Kurs besuchen oder zu Hause Pilates-Übungen absolvieren. Hier habe ich dir zwei leichte Anfängerübungen zusammengestellt, die dir in der Schwangerschaft guttun können[65]:

<u>1. Übung: Bridge</u>

Komme in den Vierfüßlerstand. Atme ein und denke deine Wirbelsäule lang. Dein Bauch ist locker und entspannt. Deine Schulterblätter ziehen dabei Richtung Taille. Du hast eine stabile Position wie eine Bank. Dann atmest du aus und aktivierst dabei dein Powerhouse (spanne deinen Beckenboden und deine Bauchmuskeln an).

Wiederhole das Ein- und Ausatmen mindestens sechs Mal.

<u>2. Übung: Shoulder Drops</u>

Lege dich auf den Rücken. Deine Beine sind aufgestellt. Strecke beide Arme nach oben. Deine Schultern bleiben dabei am Boden. Atme ein und ziehe dabei einen Arm Richtung Himmel, sodass sich das eine Schulterblatt vom Boden abhebt. Beim Ausatmen lässt du deine Schulter locker herunterfallen. Dabei bleibt dein Arm gestreckt.

Pro Seite machst du sechs Wiederholungen.

Diese Übung dient der Entspannung deiner Hals- Nacken- und Schultermuskulatur.

91. Idee: Stelle ein neues Türschild für eure Familie her

Du brauchst dazu:

Fingerfertigkeit und gute Ideen, je nach Art verschiedene Werkzeuge und Materialien.

Spätestens wenn das neue Familienmitglied auf der Welt ist und bei euch „eingezogen" ist, braucht ihr ein neues Namensschild für eure Eingangstür. Schließlich sollen alle wissen, dass ihr nun eine Person mehr seid! So ein Namensschild kannst du selbst töpfern oder aus Holz herstellen und anschließend bemalen. Auch aus Salzteig kannst du ein schönes kreatives Türschild zaubern.

Für ein Türschild aus Holz brauchst du:

Papier, Pauspapier, Farbe, Holzbrett.

1. Motiv entwerfen:

Entwerfe am Computer oder einem Blatt Papier eine Vorlage für dein neues Türschild aus Holz. Zum Ausdruck brauchst du nur die Konturen.

2. Holzbrett zusägen:

Zeichne deine angestrebte Form auf das Holzbrett auf und säge es zu. Die Kanten glättest du am besten mit Schleifpapier. Vergesse danach das Entstauben nicht.

3. Vorlage ausdrucken und aufpausen:

Drucke deine Vorlage in der passenden Größe aus. Dann nimmst du das Pauspapier zur Hand und paust die Konturen mit sanftem Druck auf.

4. Mit Farbe füllen:

Nun kannst du die aufgepausten Umrisse mit Farbe füllen. Nehme dafür eine Farbe, die für Außenanstriche geeignet ist.

Wenn die Farbe zu sehr riecht, lass lieber deinen Partner beim Streichen ran!

5. Rückseite streichen:

Streiche auch die Rückseite und die Ränder deines Türschildes, damit es rundherum vor eindringendem Wasser geschützt ist.

92. Idee: Entwerfe ein T-Shirt für den Kreißsaal

Du brauchst dazu:

Dein Lieblingsmotiv, ein weißes langes T-Shirt, Textilstifte.

Bei der Geburt tragen die meisten Frauen im Kreißsaal gern ein längeres bequemes T-Shirt. Mit Textilfarben kannst du ein kreatives Lieblingsstück entwerfen, das dir während der Geburt Kraft schenken soll.

Designe ein Oberteil, das du gerne tragen möchtest. Es sollte angenehm zu tragen sein und dir Ruhe und Kraft geben. Wähle also ein Motiv aus, mit dem du dich verbunden fühlst. Du kannst es auch ausdrucken oder eine Schablone anfertigen, wenn du frei Hand ungeübt bist.

93. Idee: Stelle eine Geburtskerze her

Du brauchst dazu:

eine neutrale weiße Kerze, Wachsplatten, ein scharfes Messer, gute Ideen.

Kerzenschein ist romantisch. Das warme Licht strahlt Liebe und Geborgenheit aus.

Designe deine eigene Geburtskerze. Wenn du eine Hausgeburt planst, kannst du sie während der Geburt anzünden. Aber auch nach der anstrengenden Geburt im Wochenbett kannst du im Kerzenschein dein Baby glücklich beobachten. Schneide dazu einfach Motive nach Lust und Laune aus, die du an deine Kerze klebst. Du kannst natürlich auch fertige Motivbildchen und Buchstaben kaufen, wenn dir die Schnippelei mit dem Wachs zu aufwendig ist.

94. Idee: Höre Silent Subliminals

Silent was? Silent Subliminals sind geheime Botschaften, die du nicht hören kannst. Oft sind sie mit Musik untermalt, damit du die richtige Lautstärke einstellst. Die Botschaften können ganz unterschiedlicher Natur sein. Auch zum Thema Schwangerschaft bieten etliche Online-Portale Silent Subliminals an. Sie enthalten Affirmationen, die dein Unterbewusstsein beeinflussen und stärken können. Allerdings solltest du sie über einen längeren Zeitraum regelmäßig anhören, damit sie ihre Wirkung voll entfalten können. Für einige Subs sind Kopfhörer empfehlenswert, weil sie dann effektiver sind. Schaue einfach in die jeweilige Beschreibung, ob du sie bei dem jeweiligen Subliminal brauchst und welches Spektrum sie abdecken sollten.

Viel Freude beim Hören!

95. Idee: Gestalte eine Schnullerkette

Du brauchst dazu:
Holzperlen, Häkelperlen, Motivperlen, Glöckchen, Schnullerkettenclips, Holzringe, Schnur.

Gestalte aus bunten Materialien, die du ganz einfach im Internet oder im Bastelgeschäft findest, eine schöne

Schnullerkette für dein Baby. Dann kannst du mit Stolz sagen: "Hab ich selbst gemacht!"

Nützlich ist es, wenn du die Schnullerkette gleichzeitig als Greifling einsetzen kannst. Achte deshalb darauf, dass du unterschiedliche Formen und Elemente an die Kette anbringst. So wird das Befühlen der Kette für deinen kleinen Windelträger interessanter.

Online findest du viele unterschiedliche Bastelanleitungen. Es gibt auch fertige Bastelpakete, in denen alle Utensilien enthalten sind.

Auf die Plätze, fertig, basteln!

96. Idee: Geburtsvorbereitende Akupunktur

Hast du Angst vor der Geburt? Vielleicht ist eine Akupunktur in den Wochen vor dem errechneten Entbindungstermin das Richtige für dich.

Die geburtsvorbereitende Akupunktur ist in der Lage zu bewirken, dass du unter der Geburt weniger bis keine Schmerzmittel benötigst.[66] Außerdem kann die Länge der Eröffnungswehen deutlich verkürzt werden. Während die meisten Gebärenden ca. zehn Stunden brauchen, geht es bei den Frauen, die vorher die Akupunktur in Anspruch genommen hatten, vergleichsweise flotter. Sie brauchen im Durchschnitt nur acht Stunden, da die Wehen kräftiger und dadurch wirkungsvoller sind. Auch die körperliche Erholung nach der Geburt scheint durch die Nadeln schneller zu gehen. „Akupunktur führt zu einer besseren Reifung des Gebärmutterhalses, lockert das Gewebe und macht es elastisch. Zudem stärkt Akupunktur die Gebärmutter und regt die Wehentätigkeit an“, sagt Hebamme Laura Schütz aus

Düsseldorf.[67] „Geburtsvorbereitende Akupunktur kann Frauen helfen, entspannt und vertrauend auf die eigene Stärke und Energie die Geburt zu durchleben. Die Eröffnungs- und Austreibungswehen sind zugleich zielgerichteter."

97. Idee: Male ein Kraftbild für die Geburt

Du brauchst dazu:
Leinwand oder einfach ein Blatt Papier, Farben deiner Wahl, Pinsel, Musik.

Künstlerisches Gestalten ist immer eine hervorragende kreative Möglichkeit, um sich mit der Schwangerschaft und eventuell vorhandenen Ängsten, die die Geburt betreffen, auseinanderzusetzen.

Das Malen in der Schwangerschaft kannst du als Geburtsvorbereitung nutzen. Achte auf Farben, die für die Schwangerschaft geeignet sind. Sie sollten keine giftigen Dämpfe abgeben, die für das Baby schädlich sein könnten. Wähle am besten Acrylfarben auf Wasserbasis aus, die keine Lösungsmittel enthalten.

Meiner Erfahrung nach gestaltet sich das Malen als besonders einfach und zielführend, wenn man im Fluss ist. Das bedeutet, man malt, ohne sich störende Gedanken zu machen. Es ist eine Art Rauschzustand, indem man einfach nur malt. Zum Schluss ist man dann meist über sein entstandenes Werk sehr überrascht. Um in diesen Zustand zu kommen, kannst du Musik hören, die dich inspiriert. Wenn du ein Kraftbild für die Geburt malen möchtest, darfst du beim Malen natürlich Gedanken an die Geburt haben. Versuche dabei, positiv zu denken. Denke an das neue Leben, das du schenken wirst. Glaube an die Kraft, die in dir steckt. Denke auch an Dinge, die du schon gut in deinem Leben gemeistert hast und auf die du nun sehr stolz bist.

98. Idee: Wunschliste erstellen

Es sei dir gesagt, dass du zahlreiche Geschenke zur Geburt deines Kindes erhalten wirst. Wahrscheinlich wirst du regelrecht überhäuft werden mit allerlei Utensilien, Glückwunschkarten, Schnullern, Stramplern und Co. Das ist natürlich höchst erfreulich. Wenn du allerdings nur Sachen geschenkt bekommst, die du schon gefühlte tausendmal besitzt, nutzen dir die Dinge nicht so viel.

Hilfreich für die Verwandtschaft, die Nachbarschaft und den Freundeskreis ist es daher, wenn du mit deinem Liebsten eine Liste erstellst, in der alle Sachen aufgeführt sind, die ihr euch wünscht und wirklich dringend gebrauchen könnt. Die meisten Angehörigen sind für so eine Liste äußerst dankbar und es entstehen keine Enttäuschungen oder falsche Erwartungen.

99. Idee: Stelle deine eigenen Badekugeln her

Du brauchst dazu:
250 g Natron, 125 g Zitronensäure, 60 g Speisestärke, 60 g Kokosöl, Lebensmittelfarbe.

Sprudelnde Badebomben kannst du ganz einfach selbst herstellen. So weißt du genau, was enthalten ist und riskierst keine Zugabe von Inhaltsstoffen, die gesundheitsgefährdend für dich und dein Baby sein könnten.

Anleitung[68]:
Als Erstes erwärmst du das Kokosöl. Dann gibst du Zitronensäure, Natron und Speisestärke hinzu. Jetzt knetest du

alles gut durch. Nun kommt das Einfärben. Zum Schluss formst du aus der Masse mit deinen Händen Kugeln. Diese sollten mindestens eine Nacht durchtrocknen. Tipp: Wenn du die Badekugeln mit Glitzer (Backzutaten) verzierst, werden sie zum Highlight für Kinder!

100. Idee: Mache eine Dammmassage

Du hast es wahrscheinlich schon gehört: Während der vaginalen Geburt besteht leider die Gefahr, dass du einreißt. Autsch! Ja, das kann schmerzhaft sein. Es muss aber gar nicht unbedingt passieren. Mit einer Dammmassage kannst du einem Dammriss vorbeugen.

Der Damm ist der Hautbereich zwischen deinem After und deiner Vagina. Für die Massage führst du deinen Daumen vorsichtig in die Vagina ein und massierst dann mit deinen Fingerspitzen den äußeren und inneren Bereich des Damms. Versuche, kreisende Bewegungen auszuführen. Durch regelmäßiges Massieren wird dein Damm weich, elastisch und die Durchblutung gefördert. Das Gewebe wird gedehnt. Geburtsverletzungen kann so vorgebeugt werden.

Nimm dir für die Massage ungefähr 5-10 Minuten Zeit. Verwende dafür am besten spezielles Dammmassageöl. Achte darauf, dass die Massage nicht wehtut. Wenn es schmerzt, hast du zu kräftig massiert. Eine gute Dammmassage sollte angenehm sein.

Wenn du nicht zu Frühwehen neigst, kannst du ab der 34. Schwangerschaftswoche mit der Dammmassage beginnen. Massiere deinen Damm einmal am Tag. So ist dein Gewebe optimal auf die bevorstehende Geburt vorbereitet.

101. Idee: Stelle Knetseife her

Eine herrliche Beschäftigung mit einem tollen Ergebnis: Mache deine eigene Knete zum Waschen!

Du brauchst dazu[69]:
2 EL Duschgel, 2 EL Speiseöl, 4 EL Speisestärke, 1 Prise Salz, Ausstechformen, Nudelholz, eine Schüssel, Lebensmittelfarbe.

Anleitung:
Vermische die Zutaten in einer Schüssel und knete sie gut durch. Danach kannst du sie nach Belieben einfärben. Wenn du möchtest, kannst du zum Schluss auch etwas ätherisches Öl drangeben. Allerdings solltest du während deiner Schwangerschaft auf bestimmte ätherische Öle verzichten. Dazu gehören Anis, Fenchel, Rosmarin Kampfer, Thymian, und Thymol, Gewürznelke, Oregano, Salbei, Zimt, Thuja, Basilikum, Eisenkraut (Zitronenverbene) und Kardamom. Gut verträgst du wahrscheinlich Lavendel, Vanille, Rose und Zitrusdüfte.

Zum Schluss rollst du die Masse aus und stichst Formen wie beim Plätzchen backen aus. Du kannst beispielsweise Seife in Herzform, Sterne oder Tiermotive ausstechen. Du kannst natürlich auch Kugeln oder Würfel per Hand formen.

Lasse die Seife mindestens drei Stunden trocknen und verschließe sie anschließend luftdicht. Marmeladengläser haben sich bei mir dafür bewährt.

102. Idee: Erstelle einen Geburtsplan

Um dir Sicherheit während der Geburt zu geben, ist es hilfreich, wenn du eine Liste anfertigst. Auf dieser Liste sollten alle Dinge stehen, die auf keinen Fall bei dir unter der Geburt gemacht werden sollen und Dinge, die du dir dabei wünschst. Auch für deinen Partner kann die Liste eine Orientierung und Sicherheit darstellen.

Beispielsweise kannst du festlegen, welche Schmerzmittel du bekommen möchtest, welche Personen bei der Geburt anwesend sein sollen, was nach der Geburt mit der Plazenta passieren soll usw. Das alles sind äußerst wichtige Dinge, die vorher besprochen werden sollten.

Halte fest, ob du bei starken Schmerzen eine PDA möchtest. Überlege dir, was dein Partner oder die Person, die dich begleitet, beachten soll, falls es zu einem Notkaiserschnitt kommen sollte.

Der Geburtsplan stellt eine Art Fahrplan dar, an der sich die Beteiligten orientieren können. Er sollte auch mit den behandelnden Ärzten und Hebammen abgestimmt werden. Wie soll die Erstversorgung deines Babys aussehen? Welche Geburtspositionen möchtest du gern ausprobieren? Kommt eine Geburt im Wasser für dich infrage? Würdest du einer künstlichen Geburtseinleitung zustimmen? Ziehst du einen vorsorglichen Dammschnitt einem möglichen Dammriss vor?

Fragen über Fragen, die im Eifer des Gefechts wichtig sein können.

103. Idee: Dokumentiere deinen Wohnort

Mache Fotos von der Wohnung bzw. dem Haus, in dem du oder ihr momentan lebt. Schreibe die aktuelle Adresse dazu. Du kannst auch das fertige Kinderzimmer oder das vorbereitete und geschmückte Kinderbettchen fotografieren. Wenn dein Kind groß ist, wird es bestimmt spannend sein, wo genau er oder sie als Baby gelebt hat, wie das Haus aussah, sein Zimmer, die Einrichtung & Co.

Du kannst auch ein kleines Video machen, in dem du deine Straße, Wohnung und die Kindersachen filmst. Darin kannst du ein paar schöne Worte sagen. Irgendwann wird dein Kind bestimmt mit voller Begeisterung dieses Video anschauen.

104. Idee: Plazenta-Globuli herstellen lassen

Ja, du hast richtig gelesen. Es gibt die Möglichkeit, dass du nach der Geburt aus deiner Plazenta Globulis herstellen lassen kannst. Für was?

Fachspezifisch als „Plazenta-Nosoden" bekannt, gilt es als homöopathisches Arzneimittel.[70] Diese sollen, so heißt es, den Milchfluss fördern, die Rückbildung unterstützen, bei Nervosität oder Stress helfen sowie bei körperlichen Beschwerden wie Regelschmerzen, Migräne oder Erkältungen. Bei Kindern sollen Plazenta-Nosoden das Immunsystem stärken, Hautausschläge lindern und Verdauungsprobleme verbessern. Bislang gibt es aber keine akzeptablen wissenschaftlichen Studien, die diese Wirksamkeit bestätigen.

Im Tierreich ist das Essen der Nachgeburt völlig normal. Bei uns Menschen ist das jedoch nicht selbstverständlich. Wenn dich das interessiert, kannst du dich einfach an deine Hebamme wenden. Sie kann dir dann Adressen geben, an die du dich bei Bedarf wenden kannst. Es gibt auch immer mehr Apotheken, die Globulis aus der Plazenta herstellen.

105. Idee: Betrachte schöne Menschen

Schau dir hübsche Menschen an. Ein alter Mythos besagt, dass Frauen, die während ihrer Schwangerschaft schöne

Personen ansehen, selbst ein Kind zur Welt bringen werden, dass wahre Schönheit besitzt.

(Bitte mit einem Augenzwinkern betrachten. Du darfst dran glauben oder auch nicht.)

106. Idee: Besuche einen Baby-Flohmarkt

„Oh, ist das süß!" Beim Shoppen von Babyklamotten, Spielzeug, Bilderbüchern und Co. geraten Schwangere schnell in einen Kaufrausch. Da solltest du aufpassen, dass du nicht unnötig zu tief in die Tasche greifst. Eine günstige Gelegenheit, um Babysachen zu ergattern, bieten Flohmärkte und Basare, die speziell für Baby- und Kinderzubehör ausgelegt sind. Dort kannst du mit deinem Kugelbauch bestimmt punkten und gute Preise aushandeln. Bekanntlich wachsen die kleinen Zwerge wahnsinnig schnell aus ihrer Kleidung heraus, sodass vieles, was dort angeboten wird, noch sehr gut erhalten ist. Auch aus Umweltschutzgründen kann man sagen: Es muss nicht alles neu produziert werden. Natürlich ist es großartig, auch was Neues im Schrank zu haben. Doch gerade im Kleinkind- und Babybereich gibt es unheimlich viele gebrauchte Dinge von hervorragender Qualität, die sonst weggeschmissen werden würden, obwohl du sie dringend gebrauchen könntest. Also, schnapp dir deine Freundin! Auf geht es zum Baby-Shopping! Du kommst bestimmt mit zahlreichen niedlichen Bodys und Mützchen wieder.

107. Idee: Kliniktasche packen

Was sein muss, muss sein: Spätestens ab der 35. Schwangerschaftswoche sollte die Tasche für das Krankenhaus gepackt sein und griff parat bereitstehen für alle Fälle. Wenn du mehr als ein Wunder erwartest, solltest du mit dem Packen schon ab der 28. Schwangerschaftswoche beginnen. Oft entscheiden sich Mehrlinge, das Licht der Welt früher zu erblicken.

Das sollte in der Kliniktasche enthalten sein:

- Mutterpass
- Krankenkassenkarte
- Personalausweis
- Einweisungsschein des Frauenarztes (falls vorhanden)
- Allergiepass
- Zahnbürste
- frische Unterwäsche
- ggf. Still-BH und Stilleinlagen
- mehrere weite T-Shirts zum Wechseln
- warme Socken
- Müsliriegel, Traubenzucker oder andere Snacks
- Jogginghose
- Haargummi
- Kleidung für das Baby

108. Idee: Schaffe Platz auf Fotokamera und Handy

Wie ärgerlich wäre es, wenn du plötzlich nach der Geburt im Krankenhaus feststellst, dass du keinen freien Speicherplatz mehr für die süßen Fotos von deinem neugeborenen Baby hast. Wahrscheinlich willst du sofort aller Welt mitteilen, was für ein unglaublich entzückendes Wesen das Licht der Welt erblickt hat. Also, trenne dich von alten Erinnerungen. Ziehe sie auf eine Speicherkarte und schaffe Platz für das, was vor dir liegt!

109. Idee: Gipsabdruck vom Babybauch

Du brauchst dazu:

- 1 Stuhl ohne Armlehnen mit Rückenlehne
- 1 Tisch
- 1 Schere
- 6-8 Rollen Modelliergipsbinden
- 1 Schüssel mit ca. 25 °C Wasser (zum Einweichen des Modelliergewebes)
- 1 Schüssel mit warmem Wasser zum Abwaschen der Hände und Arbeitsmittel
- gegebenenfalls Einmalhandschuhe
- Küchenpapier und Handtücher
- 1 große Folie
- Kosmetiktücher
- fetthaltiges Trennmittel (z. B. eine Fettcreme, Melkfett oder Vaseline)
- (eventuell eine Freundin, einen Freund oder deinen Partner, der dir behilflich ist)

Das alles gibt es alternativ auch als „Paket" zu kaufen.

4-6 Wochen vor dem errechneten Geburtstermin ist der ideale Zeitpunkt, um einen Gipsabdruck von deinem Babybauch zu machen. Wann wirst du jemals wieder so einen schönen Kugelbauch haben? Diese kreative Beschäftigung wird dich noch lange an diese wunderschöne Zeit, in der du dich momentan befindest, erinnern.

Zusammen mit einer Freundin macht das Ganze doppelt so viel Spaß! Ihr könnt einen schönen Mädelsabend aus der Aktion machen. Vielleicht noch ein Gläschen alkoholfreien Sekt dazu? Los geht die Gipsparty!

Nach dem Trocknen kannst du deinen Gipsabdruck nach Lust und Laune bemalen und gestalten. So wird das Kunstwerk wirklich zu einem einzigartigen Andenken an deine Schwangerschaft.

Anleitung für einen Gipsabdruck des Babybauchs inklusive Busen[71]:

Allgemeiner Hinweis: Achte darauf, dass du keinen Gips versehentlich in den Mund bekommst oder den Gipsstaub einatmest. Gips ist zwar gesundheitlich nicht bedenklich, aber es könnten sich kleine Klümpchen im Magen oder in der Lunge festsetzen.

Vorbereitung:

Lege die Folie zum Schutz vor Flecken auf dem Fußboden aus und stelle den Stuhl darauf. Stelle die Schüssel mit warmem Wasser dazu. Schneide das Modelliergewebe in ca. 20 bis 30 cm lange Bahnen. Ordne die Modelliergewebestreifen nach Größe. Dann ziehst du dich aus. Wenn du den Slip anbehalten möchtest, verwende am besten nicht dein Lieblingsstück, da es fleckig werden kann. Fette nun alle Körperstellen, die du abformen möchtest, dick ein. Falls du nicht rasiert sein solltest, fette die Achsel- und Schambehaarung extra dick ein und lege ein kleines Stück Folie oder ein Kosmetiktuch drauf (sonst ziept es später beim Ablösen sehr!).

Jetzt geht es los:

Finde eine bequeme Sitzposition auf dem Stuhl. Dabei solltest du darauf achten, dass dein Babybauch nicht zu sehr auf den Oberschenkeln aufliegt, damit man ihn noch gut abformen kann. Idealerweise versuchst du aufrecht zu sitzen. Theoretisch kannst du die Abformung auch im Stehen durchführen. Bedenke dabei, dass du während der Prozedur ungefähr eine halbe Stunde bis zu einer Stunde stillstehen wirst. Wenn dein Baby sehr schwer ist oder du zu Kreislaufproblemen neigst, empfehle ich dir die Sitzvariante.

Du kannst von oben nach unten oder von unten nach oben arbeiten. Spanne einen Streifen Modelliergewebe zwischen deinen Händen und tauche es ins warme Wasser. Lasse es dort kurz einweichen. Dann legst du oder besser deine helfende Hand, die Binde auf die abzugipsende Stelle. Anschließend sollte der Streifen mit dem Finger gut verstrichen werden.

Die einzelnen Streifen sollten immer ein Stückchen an den Rändern überlappen und möglichst keine Falten bilden. Jede Bahn sollte sich glatt an deiner Haut anschmiegen. Wenn die Fläche komplett eingegipst ist, legt ihr noch zwei weitere Schichten drauf, damit das Ganze Stabilität erhält. Nach ca. 40 Minuten ist der Gips getrocknet. Die Form lässt sich dann vorsichtig vom Körper lösen.

Nach ein bis zwei Tagen ist der Gipsabdruck fertig ausgetrocknet und bereit zum Bemalen. Wähle hierfür am besten Acrylfarbe oder Plakatfarbe.

Viel Spaß!

110. Idee: Babybauch Shooting – Fotos, die deine ganze Vorfreude ausstrahlen

Du brauchst dafür:
Eine Kamera beziehungsweise einen Fotografen und Lust zu posieren.

Ein Babybauch Shooting ist die perfekte Gelegenheit, um diese besondere Phase deines Lebens, die voller Erwartungen steckt, zu verewigen. Die Vorfreude auf das neue Familienmitglied lässt sich auf Fotos hervorragend einfangen. Außerdem vergisst du damit nicht so schnell, wie groß dein Bauch und wie klein dein Kind mal gewesen sind. So ein Fotoshooting kannst du privat zu Hause organisieren oder beim professionellen Fotografen machen lassen. Es gibt auch Fotografen, die zu dir nach Hause kommen, wenn du dich gern in deiner privaten Atmosphäre ablichten lassen möchtest. Vielleicht hast du ja auch eine Freundin, die geschickt mit der Kamera umgehen kann.

Naturgemäß nimmt der Babybauch seine schöne runde Form im achten oder neunten Monat an. Das ist ein guter Zeitpunkt, um eine Fotoreihe zu schießen. Allerdings sind da die Vorlieben individuell. Am besten lässt du dich an einem Zeitpunkt fotografieren, wenn es sich für dich richtig anfühlt.

Kleiner Tipp: Hat dein Baby vielleicht jetzt schon ein eigenes Kuscheltier? Dann platziere dieses doch gleich mit auf das Foto.

111. Idee: Babybauch bemalen

Du brauchst dazu:
Etwas Fantasie, geeignete Farben und Pinsel und deinen tollen Kugelbauch.

Ein kunstvoll bemalter Babybauch ist wunderschön anzusehen und die Aktion bringt viel Freude. Besonders ältere Geschwisterkinder haben beim sogenannten Belly Painting ihr Vergnügen. Schließlich stellt dein Bauch eine wunderbare Leinwand dar. Bei der Auswahl der Farben ist darauf zu achten, dass die Farben hautverträglich und wasserlöslich sind. Geeignet sind Faschingsschminkstifte, Kajal, Lippenstifte oder Fingermalfarben für Kinder. Du kannst auch spezielle Bodypaint- oder Henna-Farben benutzen. Außerdem sind Klebetattoos für Babybäuche im Handel erhältlich.

Das Babybauchbemalen erfreut sich heutzutage großer Beliebtheit. Dabei ist es keineswegs eine neue Erfindung, sondern in vielen Kulturen seit Jahrhunderten eine Tradition.[72] Mit diesem Ritual kannst du deinem Baby signalisieren, dass es willkommen ist. In der Tradition der amerikanischen Ureinwohner symbolisiert das Bemalen den Übergang von der Schwangeren zur Mutter. In Indien sollen die Kraftbilder auf dem schwangeren Bauch die Mutter und das Kind stärken. Die Henna-Bemalungen halten viele Wochen lang und sind ein uraltes Ritual.

Wenn du auf der Suche nach passenden Motiven bist, schaust du dich ganz einfach im Internet um oder besuchst ein professionelles Bodypaint-Studio.

KAPITEL 4

Wie du deine eigene Bucket List erstellst

Wahrscheinlich sind nicht alle hier vorgestellten Ideen nach deinem Geschmack. Manche Ideen wirst du gut, spannend oder lustig finden, andere langweilig, komisch oder befremdlich. Das ist völlig okay. Wie wäre es mit einer Bucket List, in der dich alle Ideen faszinieren? Diese Bucket List kannst du machen. Das wird deine ganz persönliche Bucket List sein. Ich möchte dir zeigen, wie du das am einfachsten umsetzen kannst.

Schon das Erstellen so einer Liste bringt dich deinen Träumen ein gutes Stück näher. Es ist gut, wenn du dir selbst Gedanken über deine Ziele und Wünsche machst. Was willst du in deiner Schwangerschaft erleben oder unternehmen? Was ist dir wichtig in dieser besonderen Lebensphase?

Meiner Meinung nach vergeht in Sachen Schwangerschaft alles viel zu schnell. Viel zu schnell vergehen die 9 Monate, viel zu schnell verblassen die Erinnerungen an diese Zeit, in der ein kleines Wunder in uns heranwächst und viel zu schnell wirst du dich fragen, wo diese einzigartige Zeit nur geblieben ist.

Das Aufschreiben deiner Träume ist deswegen so empfehlenswert, weil das geschriebene Wort Verbindlichkeit schafft und dir hilft, dranzubleiben.

Legen wir los, erstellen wir deine ganz persönliche Bucket List:

1. Schritt: Brainstorming

Hol die Kekse aus dem Schrank, setze eine Tasse Schwangerschaftstee auf und mach es dir auf dem Sofa mit deiner Lieblingskuscheldecke so richtig gemütlich. Beantworte für dich (am besten schriftlich) folgende Fragen:

Was macht mich so richtig glücklich und zufrieden?

Gibt es etwas, das ich in meiner Schwangerschaft unbedingt machen möchte?

Was möchte ich von meiner Schwangerschaft in Erinnerung behalten?

Wie hat mich die Schwangerschaft bisher verändert?

Gar nicht so einfach, oder? Es ist egal, wenn deine Liste nicht vollständig ist. Hauptsache, du setzt dich überhaupt mit deinen Wünschen auseinander. Vergiss, was andere über dich denken könnten.

2. Schritt: Inspiration holen

Lass dich von der Bucket List im 3. Kapitel inspirieren. Viele aufgeführten Punkte lassen sich hervorragend umändern oder ausweiten und deinen eigenen Vorstellungen angleichen.

3. Erstelle deine Bucket List und Sorge für Ausgewogenheit

Nimm dir ein neues Blatt zur Seite. Hierauf erstellst du deine Bucket List. Schreibe dir Wünsche und Ideen auf, die dir aus den ersten beiden Schritten gekommen sind. Schreibe weiter alles auf, was dir spontan einfällt oder schon immer klar war, was du in deiner Schwangerschaft noch erleben oder machen willst. Es ist nicht wichtig, wie viele Punkte auf deiner Bucket List stehen. Es ist deine Liste. Du entscheidest, was und wie viel dort steht Wünschen auseinander.

Es müssen nicht die megabombastischen Superhighlights sein, die du verwirklichen möchtest. Darum geht es nicht! Es geht vielmehr darum, dass du glücklich in deiner Schwangerschaft bist und bleibst.

Vielleicht gibt es Dinge, für die du vor deiner Schwangerschaft einfach keine Zeit hattest. Nun arbeitest du vielleicht weniger, hörst mehr in dich hinein und kannst Sachen umsetzen, die du schon lange vorhattest. Eventuell wolltest du schon immer mal ein ganz bestimmtes Gericht kochen oder eine Freundin, die weiter weg wohnt, besuchen. Das können tolle Ziele sein, die dich erfüllen und glücklich machen. Auch kleine Ziele können einen großen Stellenwert einnehmen. Durch das Umsetzen von kleinen Träumen erfährst du Erfolgserlebnisse, die dich motivieren und zufrieden machen.

Du kannst deine Bucket List in verschiedene Kategorien einteilen. Beispielsweise lässt sich deine Wunschliste in sportliche, kulinarische, kulturelle, kreative oder besondere Aktivitäten aufspalten.

4. Erstelle eine Reverse Bucket List

Schreibe auch unbedingt Dinge auf eine gesonderte Liste, die du bereits in deiner Schwangerschaft erleben durftest. Halte Dinge oder Geschehnisse fest, die dich beeindruckt oder geprägt haben und die du nicht missen möchtest.

Wahrscheinlich hast du schon spannende oder lustige Sachen erlebt, die du vielleicht später deinem Kind erzählen möchtest.

5. Bleibe entspannt

So eine Bucket List sollte dich auf gar keinen Fall unter Druck setzen! Sie ist zunächst als reine Inspirationsquelle gedacht. Du musst nicht in Konkurrenz zu anderen Menschen treten. Jede Frau ist anders. Wenn beispielsweise eine andere Schwangere meint, ihr täte es gut, den Jakobsweg während ihrer Schwangerschaft zu wandern, dann lass sie das tun. Doch das heißt noch lange nicht, dass das für dich auch das Gelbe vom Ei ist.

Die Bucket List solltest du nicht als Vollzeit-Job oder Anstrengung verstehen. Wenn du wochenlang nicht darauf schaust und keine Idee umsetzt, ist das überhaupt nicht schlimm.

6. Halte deine Bucket List dynamisch

Prioritäten verschieben sich, neue Ideen kommen hinzu. Das ist ganz natürlich. Bleib flexibel, was deine Bucket List angeht. Es werden immer mal wieder neue Ideen deine Wunschliste schmücken. Das ist gut so!

Die Bereitschaft, neue Dinge auszuprobieren, wird mit der Zeit bei dir wachsen.

Bleibe neugierig!

7. Schaffe Erinnerungen

Wenn du lustige Dinge ausprobierst, halte sie fest. Schieße beispielsweise Fotos oder behalte Eintrittskarten, Postkarten oder andere Mitbringsel, die dich positiv an deine Erlebnisse erinnern. Ein Fotoalbum ist eine gute Möglichkeit, um deine Erlebnisse zu sammeln.

KAPITEL 5

Endspurt: Jedes Ende ist ein wundervoller Neuanfang

„Kinder erfrischen das Leben und erfreuen das Herz."

— Friedrich Ernst Daniel Schleiermacher

Der Nestbautrieb

Fühlst du dich unruhig und hast das Verlangen, alles aufzuräumen, zu sortieren, neu zu ordnen und zu putzen? Das ist typisch für die letzten Wochen und Tage vor der Geburt. Der berühmte Nestbautrieb setzt bei dir ein. Nutze den Enthusiasmus. Wenn du im Wochenbett bist, wird dir der Sinn nach anderen Dingen stehen.

Trotzdem solltest du bei deinen Putzaktionen einen Gang runterschalten. Fensterputzen, auf Leitern klettern, sich strecken und recken ist gar nicht gut und solltest du wirklich sein lassen.

Schlechter Schlaf und Albträume

Viele Schwangere neigen im letzten Schwangerschaftsabschnitt unter Schlafproblemen und schlechten Träumen. Sie denken an die bevorstehende Geburt und haben Sorgen. Angst vor der Geburt, Angst um das Baby, Angst vor Behinderung oder dem Tod, Angst vor dem Elternsein oder einfach Angst, dem neuen Alltag nicht gewachsen zu sein. Diese Ängste sind normal. Du bist nicht die Einzige, die so fühlt.

Falls dich solche nächtlichen Gedanken und Träume plagen, verdränge sie nicht, sondern versuche sie aufzulösen. Setze dich mit ihnen auseinander. Suche das Gespräch mit deiner Hebamme. Manchmal hilft das schon so gut, dass die Albträume sich komplett in Luft auflösen.

Der letzte Arbeitstag

Verabschiede dich von deinen Kollegen kurz bevor der Mutterschutz beginnt. Das kannst du in Form einer kleinen Feier machen, indem du ein kleines Buffet oder Kuchen mit zur Arbeit bringst. Das stärkt den Zusammenhalt und deine Arbeitskollegen werden dich in guter Erinnerung behalten und du wirst mit Freude wieder zurückkehren.

Wenn du sehr viel Zeit mit deiner Arbeit und deinen Mitmenschen dort verbracht hast, bietet es sich vielleicht sogar an, außerhalb des Betriebs ein Lokal aufzusuchen. So könnt ihr ganz entspannt den Abschied zelebrieren.

Wenn du in einer großen Firma arbeitest, kannst du eine Rundmail an alle Arbeitskollegen, die in deiner Abteilung arbeiten, schreiben. Es genügen ein paar nette Zeilen, in denen du dich für die nächste Zeit verabschiedest.

Eins ist klar: Du wirst anders wieder kommen. Du hast dann Familie und Job. Vielleicht erwartest du nicht dein erstes Kind, was die Herausforderungen noch größer werden lässt.

Ich wünsche dir einen fröhlichen letzten Arbeitstag! Ganz egal, wie du ihn gestalten wirst.

„Die Familie ist die Heimat des Herzens."

— Giuseppe Mazzini

Doch auch zu Hause könnt ihr ein kleines Fest veranstalten. Besonders ältere Geschwisterkinder werden ihre Freude daran haben. Setzt euch zusammen und erzählt euren Kindern, wie sie auf die Welt kamen und wie die Zeit war, als ihr auf sie gewartet habt. Damit gebt ihr euren Kindern eine spürbare, gelebte Wertschätzung. Die Familie findet zusammen, eine friedliche Atmosphäre entsteht. Das ist gut. Ein chinesisches Sprichwort sagt: *„In einer friedlichen Familie kommt das Glück von selbst."*

Tipps gegen körperliche Beschwerden am Ende deiner Schwangerschaft

Wenn du dich putzmunter fühlst, gut schläfst und voller Energie und Tatendrang bist, dann ist das super. Du gehörst zu den Frauen, die die Schwangerschaft jetzt noch mal in vollen Zügen genießen können.

Falls du dich träge und schwer fühlst und unter Schwangerschaftsbeschwerden leidest, kannst du dir mit ein paar einfachen Tricks Linderung verschaffen[73]:

- Gegen Sodbrennen: Dein Baby wird nun immer größer, sodass es auf den Magen drückt. Esse langsam und in kleineren Portionen. Vermeide einengende Kleidung. Heilerde kann deine Beschwerden mildern. Spreche mit deiner Hebamme darüber.

- Gegen Druck auf das Schambein: Kaufe dir einen Bauchgurt. Der sieht nicht nur schön aus, sondern stützt und nimmt dir den unangenehmen Druck weg beziehungsweise lässt ihn weniger werden.
- Gegen Bauchnabelempfindlichkeit: Wenn dein Bauch immer dicker wird, kann sich dadurch dein Nabel nach außen wölben und empfindlich bis schmerzhaft werden. Lege eine feuchte, körperwarme Kompresse auf den Bauchnabel. Du kannst ihn auch sanft mit einem hochwertigen Massageöl einreiben. Mandelöl oder Jojobaöl ist dafür hervorragend geeignet. Dem Öl gibst du dann ein paar Tropfen ätherisches Lavendelöl oder ätherisches Öl der römischen Kamille hinzu. Auch ein Entspannungsbad mit Melisse, Lavendel und Kamille kann zur Linderung des Schmerzes beitragen.
- Gegen Schlafprobleme: Bei Einschlaf- und Durchschlafproblemen kann eine sensationell einfache Methode zu überraschendem Erfolg führen. Dusche deine Beine vorm Schlafengehen kalt ab. Probiere es aus! Bei mir hat es hervorragend geholfen.
- Gegen Eisenmangel: Müdigkeit, Antriebslosigkeit und Konzentrationsschwäche können auf einen Eisenmangel hindeuten. Ist dieser wirklich erwiesen, kannst du was dagegen tun. Rote Bete, Holunder, Himbeeren, Schwarze Johannisbeeren, Aprikosen, Mandeln, Kürbiskerne und Sesam sind tolle Eisenlieferanten.
- Gegen Hautjuckreiz: Gegen Ende der Schwangerschaft ist es keine Seltenheit, dass der Körper der Schwangeren juckt. Achte generell auf deinen Säure-Basen-Haushalt. Abduschen mit kaltem Wasser tut der gereizten Haut gut, nachts hilft kühlende Bettwäsche.

Wenn es sehr schlimm ist, lasse den Juckreiz vom Arzt abklären. Eventuell müssen die Gallensäurewerte überprüft werden.

- Gegen Wadenkrämpfe: Meist ist Magnesiummangel der Auslöser der schmerzhaften Krämpfe, die oft in der Nacht auftauchen. Bespreche dies am besten mit deiner Hebamme. Wenn du deinem Körper zu viel Magnesium zuführst, könnte es die Wehen schwächen. Magnesium wirkt bekanntlich muskelentspannend.

HypnoBirthing

Ich habe einige Frauen getroffen, die positive Erfahrungen mit HypnoBirthing gemacht haben. Gemeint ist mit dem Begriff eine Art Hypnose, oder genauer gesagt Trance-Zustand, die die Frau unter der Geburt selbst anwenden kann. Das hört sich sehr esoterisch an. Doch angeblich hat es einigen Frauen geholfen, die Geburtsschmerzen besser auszuhalten. Diese Methode sollte vorher regelmäßig geübt werden. Ab der 15. Schwangerschaftswoche kannst du dazu einen Kurs besuchen.

Hauptsächlich geht es beim HypnoBirthing um Selbstbestimmtheit während der Geburt und Vertrauen in die eigenen Kräfte. Vielleicht findet sich solch ein Kurs auch in deiner Nähe. Außerdem gibt es Bücher und CDs, mit denen du zu Hause den Entspannungszustand trainieren kannst.

Geburtsort aussuchen

Was sagt dir zu? Krankenhaus, Geburtshaus oder Hausgeburt? Du hast die Wahl, wo du dein Kind gern zur Welt bringen möchtest. Melde dich vorab im Geburts- oder

Krankenhaus an. Viele Krankenhäuser bieten Führungen an, bei denen du schon mal den Kreißsaal bewundern darfst. Wenn du eine Hausgeburt planst, berät dich deine Hebamme.

Krippenplatz suchen

Es mag dir jetzt schon ein bisschen früh erscheinen. Doch sogar ich, obwohl ich die ersten drei Jahre zu Hause war, habe schon vor der Geburt meines ersten Kindes einen Platz im Kindergarten organisieren müssen. Plätze in Kitas, Krippen und bei Tagesmüttern sind leider Mangelware. Kümmere dich also frühzeitig um einen Platz für deinen süßen Schatz, an dem er liebevoll betreut wird und die Möglichkeit hat, mit anderen Kindern zu spielen.

Kaiserschnitt

Wenn du einen Kaiserschnitt planst, aus welchen Gründen auch immer, plane vor. Du wirst Hilfe nach einem Kaiserschnitt benötigen.

Falls ein Kaiserschnitt bei dir unumgänglich ist, freunde dich damit an. Es ist nun mal so. Die Ärzte wissen, was sie tun. Glaube an das Beste! Habe Vertrauen.

Die letzten Vorbereitungen – kurz vor den Babyflitterwochen

Dein Babybauch zeigt sich nun sehr rund. Nach meinem Verständnis bist du eine wunderschöne Frau!

Sei dir gewiss: Dein Körper leistet Großartiges für dich und dein Baby! Er versorgt euch gut. Teile Freunden und Verwandten mit, dass es bald nicht mehr zu sehr häufigen Treffen kommen wird. Bereitet euren Freundeskreis auf kurze

Funkstille vor. So ist niemand enttäuscht, wenn ihr nach der Geburt erst mal Babyflitterwochen macht. Jeder weiß dann, dass ihr erst mal Zeit für euch als Familie braucht. Ihr wollt euer Baby kennenlernen. Wenn alles ein wenig eingespielt ist, werdet ihr euch melden.

Zu den letzten Vorbereitungen zählen auch Papierkram, Ämtergänge und Verwaltungsaufwand. Bereite alles so vor, dass du nach der Geburt nur noch wenige Dinge ausfüllen bzw. nachtragen musst. Auch Briefumschläge kannst du im Vorfeld beschriften. Denke an Anträge auf Kindergeld und Elterngeld.

Falls du mit dem Vater des Kindes nicht verheiratet sein solltest, er aber auch das Sorgerecht haben soll, denkt daran, das gemeinsame Sorgerecht vor der Geburt beim Standesamt beziehungsweise Jugendamt zu beantragen.

Im Vorfeld kannst du dir auch schon Gedanken über eine Geburtsanzeige und Geburtskarten machen. Wenn du alles fertig hast, brauchst du, wenn dein kleiner Schatz auf der Welt ist, nur noch das Geburtsdatum, Gewicht und Größe deines süßen Zwergs eintragen und ein süßes Foto einkleben. Das erspart enorm viel Stress.

„Nur Mütter können an die Zukunft denken – denn sie bringen sie mit ihren Kindern zur Welt."

— Maxim Gorky

Wenn die Wehen einsetzen, sollte das Wichtigste vorbereitet sein. Falls du Haustiere oder schon Kinder hast, organisiere im Vorfeld, wer sich während deiner Abwesenheit um sie kümmert. Notiere die wichtigsten Telefonnummern und hänge sie gut sichtbar hin.

Kleidung, Windeln und diverse Babypflegeprodukte solltest du jetzt schon besorgen. Richte den Wickeltisch ein. Wenn du nach der Geburt nach Hause kommst, erwartet dich ein aufgeräumtes und gemütliches zu Hause. Du musst dich um nichts mehr kümmern. Das Wochenbett wird dann entspannter sein.

Ratsam ist es, einen Essensvorrat im Haus zu haben. Stundenlanges Einkaufen und Kochen am Herd wird höchstwahrscheinlich die ersten Wochen nach der Geburt erstmal flachfallen. Fülle deine Vorratsschränke mit Müsli, Nüssen, Trockenfrüchten, Nudeln und Reis. Ebenso kann Vorkochen und Einfrieren nicht schaden.

Denke nicht nur an Pflegeprodukte für dein Neugeborenes, sondern auch für dich selbst. Besorge dir Vorräte von dicken, saugstarken Binden, die deinen Wochenfluss auffangen. Geruchslose Wasch- und Pflegelotionen sind sehr empfehlenswert, da dein Baby dich an deinem individuellen Geruch erkennt. Dein neuer Mitbewohner wird es zu schätzen wissen! Wenn du stillen möchtest, besorge dir im Vorfeld genügend Stilleinlagen. Bedenke, dass die Größe deines Busens nach dem Milcheinschuss noch einmal zunimmt. Kaufe dir also Still-BHs ein bis zwei Nummern größer als du momentan in der Schwangerschaft trägst.

Falls du zu den Frauen gehörst, die keine Unterstützung aus der Familie oder im engen Freundeskreis hat, hole dir andere Hilfe. Es gibt Familienpflegerinnen, die im Wochenbett aushelfen. Manchmal übernimmt sogar die Krankenkasse einen Anteil oder sogar die Gesamtkosten. Informieren lohnt sich! Frage bei den Johannitern, der Caritas oder Pro Familia nach.

Organisiere in den letzten Wochen vor Geburtsbeginn, wer vorbeikommen kann, um dir zu helfen. Dein Partner kann sich freinehmen? Super! Geht das nicht, überlege dir vorher, wen du in der ersten Zeit nach der Geburt um dich haben möchtest. Manchmal ist das Nervenkostüm nach einer anstrengenden Geburt und den vielen damit verbundenen Eindrücken sehr dünn. Dann möchtest du nicht Hinz und Kunz um dich haben, sondern liebe vertraute Menschen, vor denen du dich nicht verstellen musst. Besucher im Wochenbett sollten dir unter die Arme greifen. Sie können mit den Geschwisterkindern etwas unternehmen, eure Wäsche waschen, mal kurz durchsaugen, dir etwas zu Essen zubereiten und den Müll vor die Tür stellen. Du solltest nicht das Gefühl haben, aufzuräumen und Kaffee kochen zu müssen, wenn Besuch im Wochenbett ansteht. Das sollten auch die Gäste akzeptieren.

Ein kleiner Tipp: Wenn es dir schwerfallen sollte, "Nein" zu sagen, schicke deinen Mann oder irgendwen anders vor. Er kann dein Sprachrohr sein. Manchmal ist das einfacher, als wenn du selber darum kämpfen musst, deine Ruhe mit dem Baby genießen zu dürfen. Glaube mir: Es wird zahlreiche Freunde und Verwandte geben, die unbedingt das niedliche Baby sehen und im Arm halten wollen. Da ist auch generell nichts gegenzusagen. Doch wenn dir das anfangs noch zu viel ist, müssen das nun mal die lieben Verwandten akzeptieren.

Kaufe im Vorfeld mehrere Matratzenschoner. Durch das Stillen und den Wochenfluss gerät ständig was ins Bett. Besonders nachts kann es dir passieren, dass du in einem Milchsee oder neben einer übergegangenen Windel aufwachst.

Spuck- und Feuchttücher sind ebenfalls etwas, auf das du wahrscheinlich später nicht verzichten möchtest. Von denen kannst du nicht genug haben.

Ein gutes Stillkissen ist von Vorteil. Auch wenn du nicht stillst, ist es superbequem und Füttern und für die seitliche Lagerung deines Kindes verblüffend gut geeignet.

Wenn du eine Creme für empfindliche Brustwarzen schnell zur Hand hast, ist das super. Sind sie erst mal wund, bist du froh, wenn du nicht losmusst, um sie zu besorgen.

Bringe vor der Geburt eine kleine dimmbare Lampe im Schlafzimmer an. Wenn du nachts dein Baby versorgen willst, möchtest du nicht im Dunkeln rumtappen oder andere schlafende Menschen stören.

Kugelrunder Genuss – der Countdown läuft

Genieße die letzten Monate, Wochen oder Tage deiner Schwangerschaft. Versuche es zumindest. Vor allem, wenn du weißt, dass es deine letzte Schwangerschaft sein könnte, sei dir dessen bewusst. Sage deinem neuen Lebensabschnitt hallo. Vor dir liegt eine neue aufregende Zeit, auf die du dich freuen kannst. Koste diesen Zustand der freudigen Erwartung voll aus.

Ich kenne Mütter, die ihre Babybauchzeit mehr vermissen, als sie es sich hätten erträumen lassen. Obwohl das letzte Schwangerschaftsdrittel zu Recht auch "Phase der Anstrengung" genannt wird: Die Kugel wird immer größer, alles wird anstrengender und der Bewegungsradius schränkt sich stark ein. Oft sind nun Schlaflosigkeit, Krampfadern, Hämorrhoiden, unfreiwilliger Harnverlust und Rückenschmerzen an der Tagesordnung. So manch eine Schwangere kann es dann kaum erwarten, dass die Geburt endlich beginnt. Diese letzte Phase der Schwangerschaft ist etwas sehr Besonderes. Wahrscheinlich fühlst du dich so schwanger, wie noch nie. Kein Wunder! Schließlich trägst du einen fast komplett fertigen Menschen in dir! Diesen Menschen spürst du innen und außen. Du fühlst, wie dein kleiner Wurm auf alles reagiert. Er nimmt nun deine Bewegungen und Berührungen vollkommen wahr. Mehr Wunder geht nicht!

Natürlich ist es Glückssache, vielleicht auch ein bisschen Genetik, die eine Rolle spielt, ob du diese letzte Phase der Schwangerschaft als belastend empfindest oder nicht. Durch Bewegung und Ernährung hast du einen gewissen Einfluss auf deinen Zustand. Alles lässt sich jedoch nicht beeinflussen.

Akzeptiere diese Umstände, die dich umgeben. Denke positiv!

Reflexion der Schwangerschaft

Was war schön, aufregend oder anstrengend während deiner Schwangerschaft? Was hast du mit deinem Baby gemeinsam erlebt? Was würdest du, falls es ein nächstes Mal gibt, anders machen?

Schreibe deine Erinnerungen und Erfahrungen auf!

Was wünschst du dir für eure Zukunft? Was wünschst du deinem Kind? Schreibe auch diese Dinge hier auf! Diese Gedanken werden dir guttun. Durch das Aufschreiben intensivierst du diesen Prozess.

Schwangerschaftsheimweh

„9 Monate im Bauch, ein Leben lang im Herzen."

— Unbekannt

Abschiedsschmerz vom schwanger sein. Kennst du das? Willst du dein Kind noch nicht loslassen? Oder sehnst du die Geburt herbei? Beides ist möglich und beide Gefühle sind absolut erlaubt!

Wenn du gern schwanger bist, wirst du wahrscheinlich dieser zauberhaften Zeit etwas nachweinen. Die Geburt ist eine Art Übergangsritual. Nur kommt der Kopf manchmal nicht ganz hinterher. Bald wird ein kleines Menschlein zufrieden in deinen Armen liegen. Das ist super. Doch die Zeit jetzt mit deinem Babybauch ist einfach wunderschön. Es kann sein, dass dich dann das Schwangerschaftsheimweh schlagartig überkommt. Du fühlst einen Abschiedsschmerz, weil die Lebensphase mit dem Kind im Bauch nun dem Ende zu geht. Dann könnte es sein, dass du dir Vorwürfe machst, diese Zeit nicht genügend zelebriert zu haben. Aus diesem Grund rate ich dir: Mache Fotos! Schreibe deinem Baby einen Brief! Mache einen Gipsabdruck von deinem Bauch! Sitze einfach nur da und streichele deinen Bauch oder sprich mit deinem Baby! Tu es!

Wenn dich das Schwangerschaftsheimweh tatsächlich im Wochenbett überrollen sollte, dann lass deine Gefühle raus. Rede mit einer vertrauten Person oder deiner Hebamme, weine ruhig. Genauso solltest du es umgekehrt tun, falls du froh bist, dass die Schwangerschaft bald vorbei ist. Auch diese Gefühle können auftreten und sind vollkommen okay. Lasse sie ungeniert zu!

Positive Betrachtungen am Ende einer Schwangerschaft

Nun betrachten wir mal die positive Seite, wenn deine Schwangerschaft sich dem Ende neigt. Es gibt bestimmt einige

Dinge, die du nicht vermissen wirst, wenn deine Schwangerschaft vorbei ist.

Warum es gut ist, wenn sich die Schwangerschaft dem Ende neigt:

- Du wirst nicht mehr schnaufen wie eine Dampflok beim Treppensteigen.
- Du wirst nicht mehr zweimal die Nacht auf Toilette müssen, weil dein Baby auf deine Blase drückt.
- Es wird nicht mehr weh tun, wenn dein Baby dich boxt (zumindest nicht von innen).
- Zum Einschlafen wirst du dich nicht mehr hin- und herwälzen.
- Du wirst zukünftig deine Füße wieder im Stehen sehen können.
- Du wirst nicht mehr wie eine Ente watscheln.
- Socken anziehen wird keine akrobatische Meisterleistung mehr sein.
- Du wirst wieder mobiler, flexibler und beweglicher sein.
- Herrliche Spaziergänge ohne Atemnot erwarten dich.
- Du kannst bald wieder Sportarten machen, die die letzten 9 Monate „verboten" waren.
- Du wirst das Schlafen auf dem Bauch wieder genießen können.
- Schon bald passt du wieder in deine alten Klamotten. Na ja, nicht sofort. Aber bald.
- Das Sodbrennen hat bald ein Ende.

Es treffen sicherlich nicht alle hier aufgeführten Dinge auf dich zu. Vielleicht fallen dir noch andere ein, um dir den Abschied von deiner Schwangerschaft zu erleichtern.

Abschiedsmeditation – Deine Schwangerschaft neigt sich dem Ende zu

Wenn es dir zusagt, verabschiede dich mit einer Meditation langsam von deiner Schwangerschaft. Ich habe für dich eine geführte Meditation gefunden, die dir helfen kann, deine Schwangerschaft loszulassen und gebührend zu verabschieden:

https://die-friedliche-geburt.de/2019/07/14/086-meditation-abschied-von-der-schwangerschaft/

Namaste!

Wenn es nicht losgehen will – mit sanften Methoden Wehen fördern

„Für das große Glück lohnt es sich zu warten, auch wenn es manchmal schwerfällt."

— Unbekannt

Du wartest ungeduldig auf dein Baby? Ist der errechnete Geburtstermin bereits seit einer Woche überschritten und die Hebamme sagt, das Baby sei startklar? Dann gibt es ein paar Hausmittelchen, die deinem Baby sanft auf die Sprünge helfen können.

Simple Methoden, um die Wehentätigkeit anzuregen[74]:

Bewegung:

Ausgiebige Spaziergänge oder Treppensteigen können dazu beitragen, dass das Baby in die Geburtsposition rutscht. Das Köpfchen kann damit Kontakt mit dem Becken sowie Gebärmutterhals aufnehmen. Als Alternative kannst du dich auf einen Gymnastikball setzen und kreisende Bewegung machen. So kannst du deinem Kind ebenfalls dabei helfen, weiter in den Geburtskanal zu rutschen.

Geschlechtsverkehr:

Durch Sex kann das Wehen-Hormon Oxytocin angeregt werden. Die Prostaglandine, die zudem im Sperma enthalten sind, machen den Muttermund schön weich. Außerdem entspannt Sex und ist damit ein natürlicher und angenehmer Weg, um Wehen zu fördern.

Tee trinken:

Nelken, Zimt und Ingwer sind Gewürze, die verdauungsfördernd sind und Wehen auslösen können. Bereite dir daraus einen Tee zu und trinke ihn mehrmals täglich. Vielleicht erreichst du damit eine geburtseinleitende Wirkung.

Lebensmittel:

Bestimmte Lebensmittel können Wehen fördern. Dazu zählen zum Beispiel Gerichte, die mit Cayenne-Pfeffer oder Chili gewürzt werden. Dabei werden die Gebärmutter- sowie Darmtätigkeit angeregt, was Wehen fördern kann. Auch Zimt, Ingwer, Majoran oder Koriander können denselben Effekt haben.

Ein hoher Zuckerspiegel wirkt als Wehenhemmer. Also lieber ein Stück weniger von der geliebten Schokolade essen, wenn das Kindchen auf sich warten lässt.

Warmes Bad mit Badezusätzen:

Ein warmes Bad wirkt entspannend. So kann sich deine Muskulatur in Becken und Bauch entspannen. Dabei sollte das Badewasser nicht wärmer als 38 Grad sein. Die Zugabe von Badezusätzen oder ätherischen Ölen kann die Wehentätigkeit fördern. Dazu eignen sich: Zimtblätter bzw. Zimtblätteröl, Lavendel, Nelkenöl und Ingwerwurzelöl. Bitte bade als Schwangere nicht, wenn du alleine zu Hause bist. Schwangere neigen schnell mal zu Kreislaufproblemen, die durch das Baden verstärkt werden können.

Wenn du dich dann noch gedanklich von deiner Schwangerschaft löst, kann es endlich losgehen!

Tipps für die Geburt

Kann man überhaupt Tipps für eine Geburt geben? Laut meiner Hebamme kann die schwangere Frau schon einiges tun, um sich innerlich vorzubereiten. Durch die Anwendung von ein paar Tricks ist keine schmerzfreie Geburt garantiert. Jedoch kann die Frau lernen, die Situation, in der sie sich während des Geburtsprozesses befindet, zu steuern.

Sehr hilfreich ist es, die Geburt als positive Herausforderung anzusehen und anzunehmen. Sage dir selbst, dass du es schaffen und gut meistern wirst. Es wird vielleicht kein Spaziergang, aber es wartet dein persönliches Wunder auf dich. Außerdem ist es wichtig, dass du dich von zu starren Vorstellungen löst. Vielleicht hast du eine Wassergeburt geplant. Wenn es losgeht, merkst du aber plötzlich, dass du dich während der Geburt doch nicht so wohl im Wasser fühlst, wie du vorher dachtest. Das ist nicht schlimm. Sei offen für Situationsänderungen. Besonders, wenn du Erstgebärende bist, kannst du nicht wissen, wie du dich in den Wehen fühlen wirst. Es kann alles ganz anders kommen als gedacht. Stelle dich auf mögliche unerwartete Ereignisse ein. Du solltest nicht von ihnen aus gehen, aber dir klar darüber sein, dass sie passieren können. Gut ist, wenn du flexibel bist und das Beste daraus machst. Jede Geburt ist einzigartig.

Nun möchte ich dir ein ganz besonderes Geheimnis verraten:

Besondern hilfreich und geburtsunterstützend kann es sein, wenn du ab der 36. Schwangerschaftswoche täglich ca. sechs Datteln zu dir nimmst.[75] Das entspricht ungefähr 70 Gramm. Durch das Essen der leckeren Früchte aus der Wüste kann sich die Latenzphase (Zeitspanne mit regelmäßigen Wehen bei geschlossenem Muttermund) verkürzen. Auch die Austreibungsphase, die am Schluss der Geburt deines Kindes stattfindet, kann deutlich verkürzt werden. Nach dem regelmäßigen Verzehr von Datteln konnte in einigen Fällen außerdem eine schnellere Nachgeburt, eine intakte Fruchtblase bei der Geburt, weniger nötige Gaben von wehenfördernden Hormonen und ein geringerer Blutverlust im Wochenbett beobachtet werden. Die Früchte der Dattelpalme sind reich an Eisen, Mineralstoffen, Ballaststoffen und Vitamin C. Die positive Wirkung von Datteln in der Schwangerschaft wurde sogar in zwei wissenschaftlichen Untersuchungen festgestellt.[76]

Damit dir der Dattelkonsum nicht zu langweilig wird, kannst du die süße Nascherei in dein Müsli geben, mit ihr deinen Smoothie süßen, ein köstliches Dattelkonfekt herstellen oder Energiekugeln daraus zaubern.

Ein Ausblick in die Zukunft als Mami – Wünsche, Vorstellungen und Realität

Zick Information und Meinungen

Zum Thema Geburt, Wochenbett und Babypflege gibt es zahlreiche Meinungen. Du kannst dir vieles anhören und befolgen. Was aber für Max Mustermann gilt, muss für dich und dein Kind nicht unbedingt das Ideale sein. Vertraue ruhig deinen Instinkten, deinem Bauchgefühl. Der gut gemeinte Rat von der Schwiegermutter muss nicht umgesetzt werden, nur damit sie zufrieden ist. Du machst das auf deine Art und das ist gut so! Lass dich bitte nicht stressen. Das gilt für die erste Zeit nach der Geburt genauso wie für deine Schwangerschaft. Jede Frau fühlt anders und hat andere individuelle Bedürfnisse. Wenn dir also gesagt wird, du sollst dein Baby alle vier Stunden stillen, damit es einen Rhythmus erfährt, du aber merkst, dass das für dich nicht stimmig ist, lasse dich nicht davon abbringen, es anders zu machen. Du bist die Mutter. Du weißt, was für dein Baby das Richtige ist! Wenn dir geraten wird, während der ersten Wehen reichlich zu essen, damit du genug Energie hast, du aber merkst, dass du keinen Bissen runterkriegst, ist das so richtig für dich. Höre auf dein Herz, deinen Körper, auf deine innere Stimme.

Es ist sicherlich sinnvoll, wenn du dir Informationen bezüglich der Schwangerschaft und Geburt durchliest und anhörst. Unvorbereitet möchte man nicht sein. Doch wenn jemand missionierend oder dogmatisch auf dich einredet und versucht, dich von etwas zu überzeugen, dass nicht zu deiner Persönlichkeit passt, dann lächle und sage nett und freundlich, aber bestimmt, dass du andere Methoden bevorzugst.

Später beim Thema Erziehung wirst du dann wieder die Erfahrung machen, dass es 1.000 Möglichkeiten gibt, sein Kind zu erziehen. Angeblich weiß jeder die einzig richtige Erziehungsmethode, wie aus Kindern anständige Menschen werden. Lass dich nicht beirren! Du machst das gut so!

„Kinder sind Augen, die sehen, wofür wir längst schon blind sind.
Kinder sind Ohren, die hören, wofür wir längst schon taub sind.
Kinder sind Seelen, die spüren, wofür wir längst schon stumpf sind.
Kinder sind Spiegel, die zeigen, was wir gerne verbergen.“

— Unbekannt

Nicht auf alle Ratschläge hören

Ratschläge können gut sein und dich aufbauen. Aber sie können dir unter Umständen auch Angst einjagen. Lass das bitte nicht zu.

Höre auf Menschen, die dir Zuspruch geben. Wenn dir dein Gegenüber erklärt, dass bald dein Leben vorbei sein wird, dass du nie mehr durchschlafen wirst, dass deine Brüste sich in zeitgesteuerte Rasensprenger verwandeln werden und du dir beim Niesen in die Hose pinkeln wirst, dann klapp deine Ohren zu.

Dasselbe gilt für Kommentare hinsichtlich deiner bevorstehenden Geburt. Sprüche wie: "Du wirst vor fremden Leuten in die Hose machen" oder "Es werden starke Schmerzen auf dich zukommen", helfen niemandem weiter.

Jede Frau, jedes Kind, jede Schwangerschaft und jede Geburt ist anders. Nur du wirst wissen, wie es wirklich für dich ist. Du machst allein deine Erfahrungen, die nur du beurteilen kannst.

Der Wunsch eine gute Mutter zu sein

Eine perfekte Mama sein? Ausgeglichen, hilfsbereit, geduldig … Die Liste könnte man noch weiter ausbauen. Seien wir doch ehrlich, was ist schon perfekt? Was ist schon gut? Gibt es überhaupt perfekt? Ich behaupte, nein! Und das ist auch gut so.

Ich habe aber eine Beobachtung gemacht, die ich dir gerne ans Herz legen möchte: Wenn es der Mutter gut geht, geht es meist auch dem Kind gut. Achte also darauf, dass du bei aller Hingabe selbst nicht zu kurz kommst.

Dass du dich nun fragst, ob du eine gute Mutter sein wirst, ist ganz natürlich. Der Wunsch, eine gute Mutter zu sein, ist ganz natürlich. Ich kann dir versichern, dass du dich das später auch noch manchmal fragen wirst. Mache ich alles richtig? Hätte ich nicht etwas anders oder sogar besser machen können?

Wenn du dich das ab und zu fragst, ist das gut. Nur an dir selbst zweifeln solltest du nicht. Jede Mutter hat ihre ganz eigenen Stärken. Falls du mal voller Neid zu anderen Müttern blicken solltest, weil es aussieht, als hätten sie alles im Griff, dann lass dir gesagt sein, dass der Schein auch trügen kann. Von außen betrachtet, sehen die Dinge manchmal ganz anders aus, als sie tatsächlich sind.

Eine wirklich gute Mutter sollte sich nicht für ihre Familie aufopfern. Sie darf auch mal schlecht gelaunt oder vergesslich sein. Eine Mama, die im Einklang mit ihren eigenen Bedürfnissen und denen der Kinder lebt, ist meiner Meinung nach eine gute Mutter. Wieso? Weil sie echt ist, weil sie menschlich ist.

Also, denk bei all dem Trubel auch an dich. Sei einfühlsam nicht nur deinen Kindern gegenüber, sondern auch dir selbst. Verzeihe dir Fehler oder Ausrutscher in der Erziehung. Die macht jede Mutter.

Wenn du für dich im Alltag mit dem Kind eine gesunde Balance findest, bist du glücklich. Das wird dein kleiner Engel spüren. Mama sein bedeutet auch, ein prägendes Vorbild zu sein. Diese Thematik hatten wir ja schon besprochen.

Lass dich von der Verantwortung, die auf dich zukommt, nicht unterdrücken und verfalle nicht dem Perfektionswahn. Wenn du dir Gedanken machst, zeigt das, dass dir dein Kind nicht egal ist. Du bist auf dem besten Weg, eine super Mami zu werden. Wenn du Mutter bist, nimmst du an einem schöpferischen und erfüllenden Vorgang teil. Du darfst dich darauf freuen!

Der Gesellschaft kannst du es sowieso nicht recht machen. Egal, was du als Mutter tust, irgendwer wird immer was zu meckern haben. Bleibst du die ersten Jahre zu Hause, wirst du angesehen, als würdest du dich einer exotischen Freizeitbeschäftigung widmen. Gehst du aber bald nach der Entbindung wieder arbeiten, wird dir vorgeworfen, eine Rabenmutter zu sein. Hauptsache ist, dass du mit dir im Reinen bist und nichts machst, nur weil andere es von dir erwarten.

Um nicht in die Perfektionsfalle zu geraten, ist es gut, wenn du Ansprüche und Ideale an dich etwas herunterschraubst. Es ist total egal, ob dir dein erster Babybrei gelingt oder nicht oder die Windel dreimal am Tag ausläuft. Das sagt nichts über deine Qualitäten als Mutter aus. Mamasein findet meiner Meinung nach auf der emotionalen Ebene statt. Worauf es wirklich ankommt, wirst du spüren, wenn dein Baby dich das erste Mal anblickt, wenig später anlächelt und dir seine bedingungslose Liebe schenkt.

Das Mutter-Sein wird sich ständig in deinem Leben verändern, da du deine Lebensumstände und dein Kind sich verändern. Alles bleibt in Bewegung. Freu dich auf deine neue Lebensphase als Mama!

„Was du denkst, bist du. Was du bist, strahlst du aus. Was du ausstrahlst, ziehst du an."

— Buddha

Hier ein paar gute Gründe, warum Mütter stolz auf sich sein können:

- Mütter bringen Wunder zur Welt!
- Mütter sind jeden Tag aufs Neue bereit, Liebe zu schenken!
- Mütter sind Multitasking Talente: Kochen, dem Kind ein Pflaster aufkleben, trösten und zuhören gleichzeitig!
- Mütter üben sich immer wieder aufs Neue in Geduld, während alles um sie herum mal wieder tobt.
- Mütter bemerken die Bedürfnisse ihrer Babys direkt und reagieren darauf sofort.

Was brauchen Kinder wirklich?

Vielleicht stellst du dir die Frage, ob du deinem Kind alles geben können wirst, was es braucht? Damit meine ich nicht die materiellen Dinge. Was meinst du, was ein Kind wirklich braucht?

Ich glaube, ein Kind benötigt Sicherheit. Dabei spreche ich nicht von der Abschirmung von Gefahren, sondern von sicherer Verlässlichkeit von uns als Eltern. Kinder sollten wissen, dass wir für sie da sind, wenn sie uns brauchen. Sie brauchen uns, um durch neue oder schwierige Zeiten zu gehen. Wir sollten ihnen die Sicherheit geben, dass sie uns zu Hause auch unangenehme Dinge und Sorgen erzählen können, dass wir sie auffangen und ihnen Halt geben können.

Des Weiteren ist es meiner Meinung nach extrem wichtig, dass Kinder selbstständig Sachen machen dürfen. Trau ihnen etwas zu. Das macht sie stark und selbstbewusst.

Ein gutes Stichwort ist außerdem Geborgenheit. Ein Gefühlsgemisch aus Liebe, Wärme, Schutz und Nähe entsteht dort, wo Wiederholungen herrschen. Bestimmte Muster und Rituale können deinen Kindern Geborgenheit geben. Das können verschiedene Familienrituale sein: Umarmungen, Gute-Nacht-Geschichten, das Einnehmen gemeinsamer Mahlzeiten oder das Beisammensitzen beim Lieblingsbrettspiel. Wichtig ist, dass diese Abläufe verlässlich geschehen.

Kinder brauchen auch Zeit für sich selbst. Sie sollten nicht für alles Rechenschaft ablegen müssen, was sie tun. Ungestörte Verstecke finden, auf Bäume klettern, sich selbst Geschichten erzählen, sich auch mal langweilen. Gib deinem Kind die Möglichkeit, sich selbst zu entdecken.

Was wir Erwachsene wahrscheinlich nicht schön finden, was aber gesund ist, ist Streit. Kinder dürfen sich streiten. Das reinigt. Wenn dann die Versöhnung kommt, ist es meist enger und besser als vorher. Wir sollten unseren Kindern ein gutes Vorbild beim Konfliktlösen sein. Nur so können sie lernen, wie man sich sinnvoll streitet. Die Familie kann ein gutes Übungsfeld für das weitere Leben sein.

Für das soziale Lernen brauchen Kinder andere Kinder. Wenn es keine Geschwister gibt, können das Nachbarkinder oder Freunde sein. In Beziehungen unter Kindern können sie voneinander und miteinander spielerisch soziale Fähigkeiten erlernen.

Diese genannten Dinge spiegeln meine persönliche Einstellung zur Erziehung von Kindern wider. Vielleicht setzt du die Prioritäten anders.

Hier habe ich ein paar Sachen für dich zusammengetragen, die pädagogische Wissenschaftler herausgefunden haben. Dabei geht es um Grundbedürfnisse, die Kinder nachweislich für ein glückliches Leben brauchen[77]: Eine liebevolle Erziehung, Gesundheit und eine ausgewogene Ernährung, sichere Zukunftsaussichten, Grenzen und Strukturen, Erfahrungen sammeln und Fehler machen. Unabhängig von Einkommen und Bildungsstand können diese Dinge theoretisch alle Eltern ihren Kindern geben.

Schlusswort: Zu guter Letzt

Für deine Zukunft als frisch gebackene Mama wünsche ich dir von ganzem Herzen das Beste! Insbesondere Gesundheit, Kraft, Ausdauer, aber auch Gelassenheit sowie ganz viel Spaß und Freude. Ein neuer aufregender Lebensabschnitt wartet auf dich, egal ob du zum ersten Mal Mama wirst oder deine Familie um ein weiteres Wunder wächst.

Du befindest dich auf einer herrlichen Reise. Als Mama wirst du ständig wachsen und dich wandeln. Das ist wunderbar. Sei ganz bei dir und vertraue deinem Bauchgefühl. Das Leben ist eine Berg- und Talfahrt. Nach jedem Tief kommt auch ein Hoch. So wie jeder Winter von einem Frühling abgelöst wird oder nach jeder Nacht ein Tag folgt. Ups und downs sind ganz normal und machen das Leben spannend. Stelle dich neuen Herausforderungen und genieße es immer wieder aufs Neue Mama zu sein. Das ist eine sehr anspruchsvolle Aufgabe und zugleich eine der Schönsten auf der Welt.

Ich hoffe, dass du ganz viele positive Zeiten und Momente während deiner Schwangerschaft sammeln konntest. Vielleicht konnte dir meine oder deine eigene Bucket List auf dieser Reise Inspiration geben. Vielleicht hast du das ein oder andere Abenteuer erlebt und kreative, neue Dinge umgesetzt. Das nächste Abenteuer steht schon vor der Tür.

Denke immer daran, es ist dein Leben! Sammle positive Erfahrungen, tue verrückte Sachen, mache das Beste aus jedem Tag, liebe, lebe, lache und höre nie auf zu träumen.

Nur das Beste wünsche ich dir, deinem Nachwuchs und deiner Familie!

Isabel Lange

Eine kleine Bitte an dich…

Liebe Leserin, lieber Leser,

vielen lieben Dank, dass du mein Buch gelesen hast. Das freut mich sehr! Ich hoffe, dass du zahlreiche positive Erfahrungen sammeln konntest und deine Zeit der Schwangerschaft zu etwas Unvergesslichem gemacht hast, an das du dich auch später noch gerne zurückerinnern möchtest.

Ich freue mich sehr, wenn dir mein Buch gefallen hat und du mich mit einer Rezension unterstützt. Rezensionen, aber auch Weiterempfehlungen sind für mich als freie Autorin äußerst wichtig.

Alles erdenklich Gute und eine wunderschöne Zeit mit deinen Liebsten!

Isabel Lange

Anmerkungen

[1] Vgl. hierzu „Bindung zum Baby im Bauch aufbauen: Die besten Tipps“ in https://praxistipps.focus.de/bindung-zum-baby-im-bauch-aufbauen-die-besten-tipps_129165, Zugriff am 17.02.2021 um 14:29 Uhr. Vgl. auch „Was ist pränatale Bindung und warum ist sie so wichtig?“ in https://keleya.de/mag/baby/praenatale-bindung-mama-kind/, Zugriff am 17.02.2021 um 14:51 Uhr.

[2] Vgl. Gordon Neufeld und Gabor Maté: „Unsere Kinder brauchen uns. Die entscheidende Bedeutung der Kind-Eltern-Bindung.“, Genius Verlag, 1. Edition, 2006, 13 f.

[3] Vgl. Zemp, Martina „Die Bedeutung der Bindung für kindliche Resilienz“, Schweizerische Zeitschrift für Heilpädagogik, 2018, 4, S. 38-44 Karl H. Brisch und Theodor Hellbrügge in „Die Anfänge der Eltern-Kind-Bindung“

[4] Vgl. Tepperwein Kurt, "Leben im Hier und Jetzt: So lassen sie seelischen Balast los“, mvg Verlag, 8. Auflage, 2020.

[5] Vgl. Dorothee von Haugwitz und Petra Lersch, „Zwillinge: Gut durch Schwangerschaft, Geburt und erstes Lebensjahr“, Trias, 2. Edition, 2020, S.33.

[6] Vgl. Silke R. Plagge, „Weinen in der Schwangerschaft“ auf: https://www.liliput-lounge.de/themen/traenen-in-der-schwangerschaft/, abgerufen am 17.02.2021 um 16:01 Uhr.

[7] Vgl. https: www.minimed.at/medizinische-Themen/gesundes-kind/40-schwangerschaftswochen/, Zugriff am 18.02.2021 um 13:09 Uhr.

[8] Vgl. https://www.uniqa.at/versicherung/gesundheit/entspannt-durch-die-schwangerschaft.html, Zugriff am 18.02.2021 um 10:59 Uhr.

[9] Vgl. ebd.

[10] Vgl. https://de.wikihow.com/Reflektieren-(Nachdenken), Zugriff am 18.02.2021 um 09:23 Uhr.

[11] Vgl. https://www.uniqa.at/versicherung/gesundheit/entspannt-durch-die-schwangerschaft.html, Zugriff am 18.02.2021 um 11:43 Uhr.

[12] Vgl. Stefan Klein: "Die Glücksformel oder Wie die guten Gefühle entstehen." Rowohlt Taschenbuch Verlag. S. 83-85.

[13] Vgl. https://www.ncbi.nlm.nih.gov/pmc/articles/PMC2793341/, Zugriff am 17.03.2021 um 10:02 Uhr; vgl. auch https://www.ncbi.nlm.nih.gov/pmc/articles/PMC2793347/, Zugriff am 17.03.2021 um 10:24 Uhr; vgl. auch https://www.ncbi.nlm.nih.gov/pmc/articles/PMC5858282/, Zugriff am 17.03.2021 um 10:31 Uhr.

[14] Vgl. https://ihrs-en.ibe.med.uni-muenchen.de/health-resorts/forest-therapy/review-waldtherapie-final.pdf, Zugriff am 17.03.2021 um 10:51 Uhr.

[15] Vgl. https://gruenesmoothies.de/gruene-smoothies-in-schwangerschaft-und-stillzeit/, Zugriff am 24.02.2021 um 11:00 Uhr.

[16] Vgl. ebd.; vgl. auch https://gruenesmoothies.de/gruene-smoothies-rezepte-fuer-anfaenger/, Zugriff am 24.02.2021 um 11:12 Uhr; vgl. auch https://www.gruene-kueche.de/power-smoothie-fuer-schwangere/, Zugriff am 24.02.2021 um 11:19 Uhr.

[17] Vgl. https://www.familie.de/schwangerschaft/chinesischer-empfaengniskalender/, Zugriff am 18.03.2021 um 16:11 Uhr.

[18] Vgl. https://www.kaleandme.de/staging/blog/mehr-zeit-meditation, Zugriff am 19.02.2021 um 16:00.

[19] Vgl. https://www.momazing.de/schwangerschaft-meditation/, Zugriff am 20.02.2021 um 12:36 Uhr.

[20] Vgl. https://www.moveyoursoul.de/affirmationen-fuer-eine-schoene-schwangerschaft-und-sanfte-geburt/, Zugriff am 21.02.2021 um 09:47 Uhr.

[21] Vgl. ebd.

[22] Vgl. https://www.dkv.com/gesundheit-gesundes-leben-ernaehrung-lebenssituationen-12609.html#:~:text=Der%20t%C3%A4gliche%20Kalorienbe

darf%20einer%20Schwangeren,kcal%20und%202500%20kcal%2FTag., Zugriff am 16.03.2021 um 17:21 Uhr.

[23] Vgl. https://www.aerzteblatt.de/archiv/136490/Ernaehrung-in-der-Schwangerschaft-Fuer-das-Leben-des-Kindes-praegend, Zugriff am 21.02.2021 um 17:26; vgl. auch: https://www.netdoktor.de/schwangerschaft/ernaehrung-in-der-schwangerschaft/ Zugriff am 16.03.2021 um 17:37 Uhr sowie vgl. https://www.missbroccoli.com/gesunde-pfunde-schwangerschaft/, Zugriff am 22.02.2021 um 08:50 Uhr.

[24] Vgl. https://missbroccoli.com/sommer-buddha-bowl/, Zugriff am 16.03.2021 um 17:41 Uhr.

[25] Vgl. https://missbroccoli.com/vegane-poke-bowl/, Zugriff am 22.02.2021 um 08:50 Uhr.

[26] Vgl. https://www.leben-und-erziehen.de/schwangerschaft/ernaehrung-in-der-schwangerschaft/tee-fuer-schwangere-980563.html, Zugriff am 17.03.2021 um 20:03 Uhr; vgl. auch https://www.familie.de/artikel/kraeutertee-in-der-schwangerschaft-was-ist-erlaubt--j764jgf8mj, Zugriff am 17.03.2021 um 20:13 Uhr; vgl. auch https://www.gofeminin.de/schwangerschaft/tee-in-der-schwangerschaft-s1688964.html, Zugriff am 17.03.2021 um 20:21 Uhr.

[27] Vgl. ebd.

[28] Vgl. https://babelli.de/schwangerschaftsyoga/, Zugriff am 23.02.2021 um 17:01 Uhr.

[29] Vgl. ebd.

[30] Vgl. https://www.baby-familie.de/Schwangerschaft/Wellness-Tipps-fuer-Schwangere-72633.html, Zugriff am 24.02.2021 um 10:36 Uhr.

[31] Vgl. https://www.dr-gumpert.de/html/wassergymnastik_fuer_schwangere.html, Zugriff am 17.03.2021 um 11:25 Uhr.

[32] Vgl. https://www.babyartikel.de/magazin/massage-in-der-schwangerschaft, Zugriff am 24.02. 2021 um 08:42 Uhr.

[33] Vgl. https://www.psychotipps.com/eigenlob.html, Zugriff am 25.02.2021 um 11:27 Uhr.

[34] Vgl. https://www.meinspatz.de/schwangerschaft/wie-wirkt-musik-auf-das-ungeborene-baby, Zugriff am 25.02.2021 um 11:18 Uhr.

[35] Vgl. https://www.logo-buch.de/logo-aktiv/wissensbibliothek/christliches-lexikon/baum, Zugriff am 17.03.2021 um 14:23 Uhr.

[36] Vgl. https://plazentagarden.com/wie-man-einen-lebensbaum-im-fruehling-oder-herbst-pflanzt/, Zugriff am 16.03.2021 um 16:29 Uhr.

[37] Vgl. https://www.db-thueringen.de/servlets/MCRFileNodeServlet/dbt_derivate

_00026046/Diss/Weschenfelder.pdf, Zugriff am 18.03.2021 um 16:49 Uhr.

38 Vgl. https://tragetuch.org/, Zugriff am 17.03.2021 um 14:47 Uhr.

39 Vgl. https://www.mamaworkout.de/sicherheitsregeln-sauna-in-der-schwangerschaft, Zugriff am 24.02. 2021 um 08:08 Uhr.

40 Vgl. https://www.der-buddhismus.de/lebe-im-jetzt-mit-4-uebungen-in-die-gegenwart/, Zugriff am 04.03.2021 um 11:32 Uhr.

41 Vgl. Nasma Scheibler-Shrestha und Ruth Lehmann: "Babymassage - Die Sprache der sanften Berührung in der Newar-Tradition", S. 13, Deutscher Taschenbuch Verlag, Ausgabe 1999.

42 Vgl. https://www.jameda.de/gesundheit/zaehne-mund/professionelle-zahnreinigung-schwangerschaft-erlaubt/, Zugriff am 01.03.2021 um 17:02 Uhr.

43 Vgl. https://naehmaschine.de/pucksack-naehen/, Zugriff am 06.03.2021 um 08:30 Uhr.

44 Vgl. https://sewsimple.de/windeltasche-naehen-anleitung/, Zugriff am 03.03.2021 um 15:31 Uhr.

45 Vgl. https://www.socialnet.de/lexikon/Prager-Eltern-Kind-Programm, Zugriff am 17.03.2021 um 15:24 Uhr.

[46] Vgl. https://2800g.de/diy/diy-stillkette-aus-einem-alten-t-shirt-selber-machen/1831, Zugriff am 04.03.2021 um 10:57 Uhr.

[47] Vgl. https://www.gesundheit.gv.at/leben/eltern/schwangerschaft/gesund-schwanger/schwangerschaft-sport, Zugriff am 17.03.2021 um 17:04 Uhr.

[48] Vgl. https://www.hellobaby-bild.de, Zugriff am 07.03. um 08:53 Uhr.

[49] Vgl. https://www.sternverschenken.de, Zugriff am 07.03.2021 um 14:13 Uhr.

[50] Vgl. https://www.strickanleitungen-kostenlos.de/baby/babymuetze-strickanleitung/, Zugriff am 07.03.2021 um 14:41 Uhr.

[51] Vgl. https://www.familien-gesundheit.de/waescheleine-fuers-baby-brauch-zur-geburt/, Zugriff am 17.03.2021 um 15:02 Uhr.

[52] Vgl. https://gebaermutter.de/blessingway, Zugriff am 06.03.2021 um 09:11 Uhr.

[53] Vgl. https://www.babyeckchen.de/anleitung-fuer-einen-baby-spielbogen-aus-holz-besonderes-geschenk-zur-geburt-selber-machen-werbung/, Zugriff am 07.03.2021 um 11:58 Uhr.

[54] Vgl. ebd.

[55] Vgl. https://www.zietenapotheke.de/chinesische-kraftsuppen.html, Zugriff am 17.03.2021 um 14:37 Uhr.

[56] Vgl. https://www.familienplanung.de/schwangerschaft/nach-der-geburt/das-wochenbett-von-a-bis-z/die-mutter-im-wochenbett/rueckbildungsgymnastik/#:~:text=Sechs%20bis%20acht%20Wochen%20nach,Muskelgruppen%20gezielt%20trainiert%20werden%20k%C3%B6nnen, Zugriff am 17.03.2021 um 16.34 Uhr.

[57] Vgl. https://www.familie.de/schwangerschaft/rueckbildung-nach-kaiserschnitt-vom-wochenbett-bis-zum-rueckbildungskurs/, Zugriff am 17.03.2021 um 16:37 Uhr.

[58] Vgl. https://www.babyartikel.de/magazin/die-gebaermutterrueckbildung-nach-der-geburt#:~:text=Deine%20Geb%C3%A4rmutter%20hat%20sich%20im,einem%20schnellen%20Muskelwachstum%20f%C3%A4hig%20ist, Zugriff am 17.03.2021 um 16:39 Uhr.

[59] Vgl. https://xn--mein-traumfnger-blb.de/traumfaenger-bedeutung, Zugriff am 17.03.2021 um 17:21 Uhr.

[60] Vgl. https://www.naju-bw.de/freizeiten/naju-sommer-2020/kinderbereich-ein-storch-macht-urlaub/kapitel-5-der-stamm-der-oxmox/traumfaenger-basteln.php, Zugriff am 08.03.2021 um 08:40 Uhr.

[61] Vgl. ebd.

[62] Vgl. https://www.kidsgo.de/baby-kinder-entwicklung/babyschwimmen-schwimmkurs/, Zugriff am 25.02.2021 um 10:24 Uhr.

[63] Vgl. ebd.

[64] Vgl. https://www.pilates.de/pilates-uebungen-training/schwangerschaft-pilates-uebungen, Zugriff am 06.03.2021 um 10.30 Uhr.

[65] Vgl. ebd.

[66] Vgl. https://medela-family.de/schwangerschaft/wohlfuehlen/geburtsvorbereitung/, Zugriff am 28.02.2021 um 16.55 Uhr.

[67] Vgl. ebd.

[68] Vgl. https://www.diehexenkueche.de/badebomben-selber-machen-grundrezept/, Zugriff am 07.03.2021 um 16:06 Uhr.

[69] Vgl. https://wir-testen-und-berichten.de/knetseife-selber-machen-waschknete/, Zugriff am 07.03.2021 um 16:20 Uhr.

[70] Vgl. https://www.plazentanosoden.de/nosoden/dosierung-anwendung/nosoden-als-globuli/plazentanosoden/, Zugriff am 18.03.2021 um 16:22 Uhr; vgl. auch: https://www.9monate.de/gesundheit-vorsorge/frauengesundheit/plazentanosoden-das-muessen-sie-ueber-die-globuli-wissen-id160696.html, Zugriff am 18.03.2021 um 16:30 Uhr.

[71] Vgl. https://www.mommyandbaby.de/gipsabdruck-babybauch-selber-machen, Zugriff am 21.02.2021 um 13:58 Uhr.

[72] Vgl. https://www.bauchkunst.art/malen.html, Zugriff am 21.02.2021 um 17:07 Uhr.

[73] Vgl. https://www.zentrum-der-gesundheit.de/artikel/schwangerschaft/schwangerschaft-letzte-wochen-ia, Zugriff am 14.03.2021 um 11:46 Uhr.

[74] Vgl. https://www.kinderinfo.de/schwangerschaft/wehen/hausmittel/, Zugriff am 19.03.2021 um 10:41 Uhr.

[75] Vgl. https://www.familie.de/schwangerschaft/warum-du-zur-geburtsvorbereitung-taeglich-datteln-essen-solltest/, Zugriff am 19.03.2021 um 11:01 Uhr. Vgl. ebenfalls The effect of late pregnancy consumption of date fruit on labour and delivery, O Al-Kuran 1, L Al-Mehaisen, H Bawadi, S Beitawi, Z Amarin, in: https://pubmed.ncbi.nlm.nih.gov/21280989/, Zugriff am 19.03.2021 um 11:07 Uhr.

[76] Vgl. The effect of late pregnancy consumption of date fruit on labour and delivery, O Al-Kuran 1, L Al-Mehaisen, H Bawadi, S Beitawi, Z Amarin, in: https://pubmed.ncbi.nlm.nih.gov/21280989/, Zugriff am 19.03.2021 um 11:07 Uhr.

[77] Vgl. https://www.wunderweib.de/5-dinge-die-jedes-kind-braucht-um-gluecklich-zu-sein-102342.html, Zugriff am 17.03.2021 um 16:12 Uhr.

Haftungsausschluss

Dieses Buch enthält Meinungen und Ideen des Autors und hat die Absicht, Menschen hilfreiches und informatives Wissen zu vermitteln. Die enthaltenen Strategien passen möglicherweise nicht zu jedem Leser, und es gibt keine Garantie dafür, dass sie auch wirklich bei jedem funktionieren. Die Benutzung dieses Buchs und die Umsetzung der darin enthaltenden Informationen erfolgt ausdrücklich auf eigenes Risiko. Haftungsansprüche gegen den Autor für Schäden materieller oder ideeller Art, die durch die Nutzung oder Nichtnutzung der Informationen bzw. durch die Nutzung fehlerhafter und/oder unvollständiger Informationen verursacht wurden, sind ausdrücklich ausgeschlossen. Das Werk, inklusive aller Inhalte, gewährt keine Garantie oder Gewähr für Aktualität, Korrektheit, Vollständigkeit und Qualität der bereitgestellten Informationen. Druckfehler und Fehlinformationen können nicht vollständig ausgeschlossen werden.

Medizinischer Haftungsausschuss

Die hier dargestellten Inhalte dienen ausschließlich der neutralen Information, Weiterbildung und Unterhaltung. Sie stellen keine Empfehlung oder Bewerbung der beschriebenen oder erwähnten diagnostischen Methoden oder Behandlungen dar. Der Text ersetzt keinesfalls eine medizinische Beratung durch einen Arzt oder Apotheker und er darf nicht als Basis zur eigenständigen Diagnose und Beginn, Änderung oder Beendigung einer Behandlung von Krankheiten verwendet werden. Bei gesundheitlichen Fragen, Beschwerden oder Problemen konsultieren Sie immer Ihren Arzt!

Impressum

Isabel Lange wird vertreten durch:

Mountainsky Medienagentur

Edition MOGS Verlag

Mellinghofer Str. 168

45473 Mülheim an der Ruhr

E-Mail: info@traditionsagentur.de

Lektorat/Korrektorat: Tina Müller

Covergestaltung und -konzept: Wolkenart – Marie-Katharina Becker

Illustrationen: Depositphotos

Jahr der Veröffentlichung: 2021

Verantwortlich für den Druck: Amazon Distribution GmbH, Leipzig